21世纪新能源·新型太阳能电池译丛

柔性太阳能电池

[意] Mario Pagliaro 著
Giovanni Palmisano
Rosaria Ciriminna
高 扬 译

上海交通大學出版社

内 容 提 要

进入21世纪,随着人们对全球气候变暖问题的关注,太阳能产业在世界各国蓬勃地发展起来。作为全球最大的太阳能电池生产国,中国不但希望为世界提供更加廉价的太阳能电池,更加希望提升太阳能电池生产的技术含量,进一步实现经济增长方式的转变。柔性太阳能电池是世界太阳能产业的新兴技术,本书将为读者介绍各种类型柔性太阳能电池的原理概念、基本工艺和市场应用。本书的特点是篇幅内容简练、图片数据丰富、行业信息详实。除了柔性太阳能电池,本书还简要地介绍了薄膜太阳能电池、第三代太阳能电池等新型太阳能电池。

本书是一本入门级的参考书,适合在校师生、工程技术人员、风险投资人士或其他对太阳能感兴趣的读者阅读。

著作权合同登记号:图字 09-2009-574

图书在版编目(CIP)数据

柔性太阳能电池/(意)帕格利亚诺(Pagliaro. M.)等著;高扬译. -上海:上海交通大学出版社,2010(2014 重印)
(21 世纪新能源·太阳能实用技术译丛)
ISBN 978-7-313-06058-7

Ⅰ.柔... Ⅱ.①帕...②高... Ⅲ.太阳能电池 Ⅳ.TM914.4

中国版本图书馆 CIP 数据核字(2009)第 192075 号

柔性太阳能电池

[意]Mario Pagliaro 著
Giovanni Palmisano
Rosaria Ciriminna
高 扬 译

上海交通大学出版社出版发行
(上海市番禺路951号 邮政编码200030)
电话:64071208 出版人:韩建民
上海交大印务有限公司印刷 全国新华书店经销
开本:787mm×1092mm 1/16 印张:11.25 字数:273千字
2010年1月第1版 2014年1月第3次印刷
印数:6061~9090

ISBN 978-7-313-06058-7/TM **定价:24.00元**

前　言

近年来，世界各国的民众都能体会到，全球气候变暖对环境带来的变化。2007 年 7 月，南欧各国甚至经历了 50℃的高温。很多国家也度过了一个又一个的暖冬。因此，我们有必要控制 CO_2 的排放，最好的方式就是大规模地发展太阳能、风能、电动汽车和节能照明等方面的新能源产业。很多人认为，新能源产业是 IT 产业之后 21 世纪最重要的高科技领域。

受到一定社会关注和资本市场追捧的太阳能产业，仍然有两项重要而艰难的任务：

(1) 提高太阳能电池的转换效率，从现在的 17%～22%提高到 50%以上，使太阳能光伏发电有更广阔的应用前景。

(2) 降低太阳能电池的成本，使安装成本低于火电，实现所谓的平价上网。希望太阳能经济进入一个不需要政府补贴的新时代，使之从政策扶持的产业逐渐转变成完全市场驱动的产业。降低太阳能电池的成本，还可以在更多的发展中国家实现农村电气化(参见 2.5 节)。

柔性太阳能电池(flexible solar cell)，是第二代薄膜太阳能电池的一个重要类型，虽然转化效率仍然有待提高，但是卷对卷工艺具有鲜明的成本优势。称之为“柔性”太阳能电池，是因为其衬底是塑料片或者金属箔片，有别于其他玻璃衬底的薄膜太阳能电池。其特点是重量轻、可弯曲，适合集成在各种弯曲物体的表面，如光伏建筑一体化、帐篷、箱包、服装、汽车、帆船等。柔性太阳能电池的研究是一门交叉学科，涉及到物理、化学、材料、机械等科学领域，也离不开过去 20 年纳米技术的进步。

目前，已有数家欧美初创企业，成功研发出适合大规模生产的柔性太阳能电池产品，并得到了优质的股权投资。受到谷歌(Google)投资的 CIGS 柔性太阳能电池公司 Nanosolar，在 2009 年 9 月宣布 Utility Panel™获得了 TUV 认证(参见第 3 章)。有机柔性太阳能电池公司 Konarka，也得到石油公司雪佛龙(Chevron)的风险投资(参见第 4 章)。

《柔性太阳能电池》的内容涵盖了各种类型柔性太阳能电池的理论、结构、工艺、产品和市场。其中，有机柔性太阳能电池、染料敏化太阳能电池和第三代太阳能电池相关章节的论述，体现了原作者化学背景的优势。在科技界，中国人总被认为理论功底好，但是创造力不足，本书囊获了很多新型太阳能电池的概念，以飨国内读者。本书的文字篇幅尽量简练，图片数据尽量丰富，产业信息尽量详实，使读者能够最大限度、并且最快速地对柔性太阳能电池及其他新型太阳能电池有一个直观的认识。

一般认为，理工科的专业素养(professional capability)包括技巧(skill)和知识(knowledge)。技巧分为计算模拟水平和实验生产经验，而知识分为行业概念和常用参数。技巧需要熟能生巧，而知识需要准确记忆。《柔性太阳能电池》的特色在于较广泛的知识面，所以建议学生读者重视书中带括号的英文注释和书后的索引，它们都是重要的行业概念，通过英汉对照的学习可以加深对这些行业概念的理解和印象，并为阅读英文文献打下基础。由于篇幅有限，不能对每一个概念进行充分展开，学生读者可以通过网络对感兴趣的概念，进一步地搜索和学习。本书没有习题。但是，如果学生读者在阅读完本书后，遮住索引的英文列或中文列，可以说出或写出另一列，并且能够回忆得起相应概念的含义，那么说明已经充分地掌握了相关的知识。

《柔性太阳能电池》可以作为一本入门级参考书，适合物理系、动力与能源系、材料系、化学系或其他相关专业的本科生、研究生和教师了解柔性太阳能电池技术。本书也可以作为太阳能企业的工程师、新能源方向的风险投资人、做政策决策的政府官员以及其他对太阳能产业感兴趣的读者认识最新技术发展方向。

目　录

1 柔性太阳能电池和太阳能产业

1.1 柔性太阳能电池

柔性电子器件，以有机发光二极管(organic light-emitting diode，OLED)和柔性太阳能电池为代表。让我们不妨先来说说 OLED。2008 年，全球 OLED 显示面板年产量超过 1 百万片，可以说初步实现了产业化。与柔性太阳能电池很相似，OLED 的制备也是在柔性塑料衬底上沉积薄膜。作为新一代的显示器，OLED 更节能，也更方便，是未来显示产业的一个发展趋势，如图 1.1 所示。OLED 显示器的特点非常明显，厚度薄、重量轻、可弯曲，可以作为新型的电子阅读器，使用起来如纸张般地舒适、自然。德国 Plastic Logic 公司，是全世界第一家批量生产柔性主动矩阵显示器面板(flexible active-matrix display module)的企业[1]。通过卫星通信，人们甚至可以随时随地通过带有柔性 OLED 显示器的新概念电脑上网。

(a) (b)

图 1.1 OLED 显示器

(a) 2004 年 2 月的《科学美国人》(Scientific American)展望了 OLED 的前景；

(b) OLED 使电子读物柔软起来

(图片来源：Plastic Logic)

是否可以请读者想象一下？20 年后，你坐在公交汽车、地铁、火车或者飞机上，举目望去，会有 1/3 的乘客手里拿着 OLED 显示器在阅读电子书或上网。而如果还有乘客告诉你，他们的 OLED 显示器是不需要充电的，你会有什么感受？你的惊喜就证明了科学技术的力量。因为他们的 OLED 显示器上配有柔性太阳能电池，可以随时随地在有光线的地方充电，这就是本书的主题。

柔性太阳能电池，是薄膜太阳能电池的一种，而且技术先进、性能优越、成本低廉、用途广泛。如图 1.2 所示，瑞士 Flexcell 公司的非晶硅柔性电池质量很轻，仅为 25～50 g/m^2。其核心工艺，是在塑料或金属箔片等柔性衬底上，印刷半导体吸收层薄膜。塑料可以选用具有导电性能的塑料或在塑料上镀透明导电膜，金属箔片可以选用满足特定要求的铝箔或不锈钢箔片。卷对卷（roll-to-roll, reel-to-real, R2R）技术来源于高速报纸印刷技术，保证了高产出和低成本，由于制备过程不需要高温或真空，实现了低能耗生产。

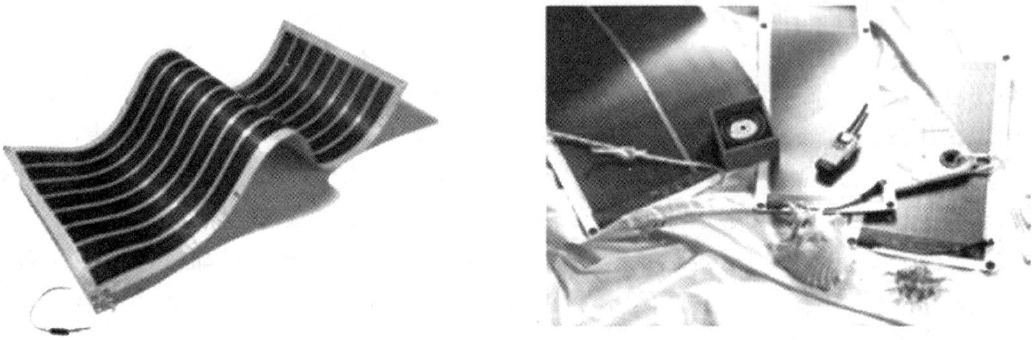

(a) (b)

图 1.2 塑料衬底的柔性太阳能电池

(a) 有机柔性电池； (b) 非晶硅柔性电池

（图片来源：Konarka） （图片来源：Flexcell）

柔性电池的应用场合非常广泛，除了应用在上述的 OLED 显示器上，还可以应用于太阳能背包、太阳能敞篷、太阳能手电筒、太阳能汽车、太阳能帆船甚至太阳能飞机上。

柔性太阳能电池的一个重要应用领域就是 BIPV，它可以集成于窗户或屋顶、外墙或内墙上，如图 1.3 所示。

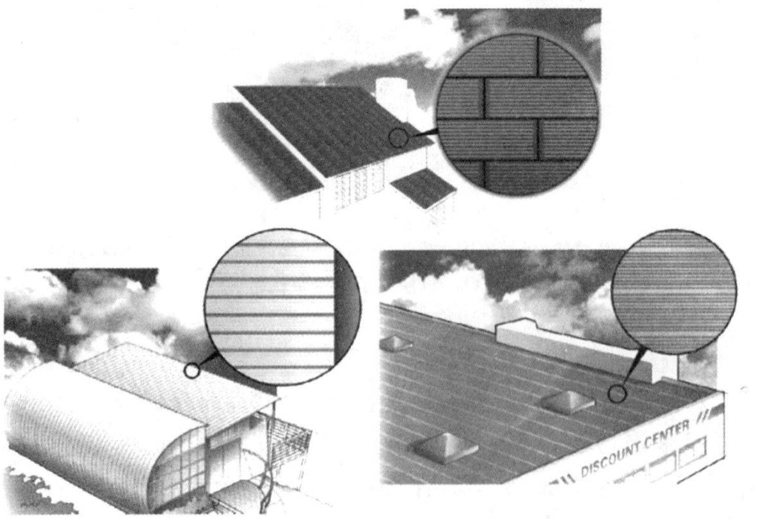

图 1.3 柔性太阳能电池实现 BIPV

（图片来源：Konarka）

在全世界各高校和研究机构中，相当一部分科学技术都可能永远不会离开实验室，来到寻常人的生活中，原因有二：第一，成本太高；第二，实用性不强。为什么柔性太阳能电池却是一个例外呢？因为柔性电池能够走出实验室，进入大规模商业化、普及化阶段，完全克服了以上两点大多数实验室科学技术的不足。它不但成本低廉，还有如下独特的应用优势：

(1) 柔软：材质柔软，可以装配于各种曲面，实现各种新颖的应用。

(2) 尺寸随意：卷对卷技术可以方便地生产任意大小的柔性太阳能电池，根据具体的客户需求，可以自行定义电池的长和宽。

(3) 轻薄：衬底是塑料或金属箔片，使柔性太阳能电池重量很轻，适合各种对重量有特殊要求的场合。数 mm 的厚度使各种便携产品美观大方。

(4) 安全：与传统的晶体硅或者其他类型的薄膜电池不同，没有使用易碎的玻璃作为衬底，而使用了柔性的塑料或金属箔片，更牢固、更安全、也更持久耐用。

(5) 环保：原材料来源允沛，成本低廉，生产过程中的用电量相对较少，能量返回周期(energy payback period)是传统太阳能电池的 1/5～1/3。

从制备工艺上说，柔性太阳能电池运用了成熟的高速报纸印刷卷对卷技术，将半导体材料印刷到覆盖在卷筒表面的导电塑料或不锈钢箔片上，如图 1.4 所示。印刷技术节约了昂贵的原材料，并可在常压环境下生产。相比常规薄膜太阳能电池依赖昂贵的真空沉积，柔性电池使用的常压环境降低了生产成本。

如果按照标准测试条件 STC 下的峰值功率(watt-peak, W_p)计算，太阳能组件的平均价格，从 1975 年的＄100/Wp 下降至 2007 年底的＄4/Wp，如图 1.5 所示。据 2004 年的预测，薄膜太阳能电池的成本将在 2010 年达到＄1/Wp[2]，使太阳能发电成本低于火电，实现所谓的平价上网。2007 年底，第一款柔性太阳能电池组件问世，该电池把无机半导体 CIGS 油墨印刷在铝箔衬底上，成本低于＄1/Wp，理论上实现了平价上网(参见第 3 章)。

(a)

(b)

图 1.4　柔性太阳能电池卷对卷技术

(a) 卷对卷技术；(b) 在铝箔上印刷 CIGS 薄膜

(图片来源:Konarka)；(图片来源:Nanosolar)

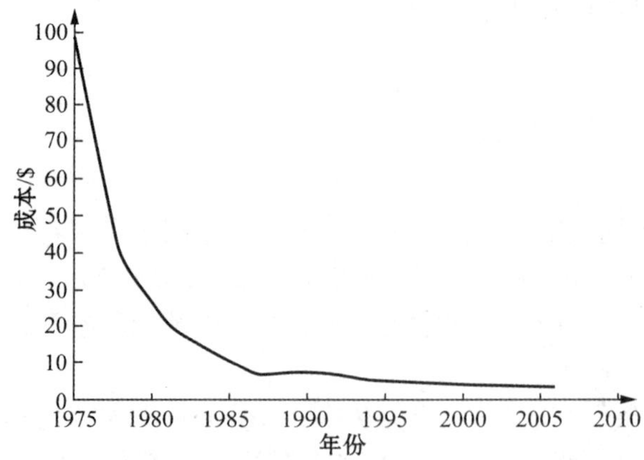

图 1.5　近 30 年,太阳能电池组件的成本递减趋势

(图片来源:Earth Policy Institute、Worldwatch、Maycock)

1.2 太阳能产业

能源危机和全球气候变暖两大问题，促使各国政府推动可再生能源的发展，而太阳能在可再生能源行业的地位举足轻重。2001 年全球电力需求是 15.578TW·h，2040 年将达 36.346TW·h，其中太阳能将占主导地位，如图 1.6 所示。

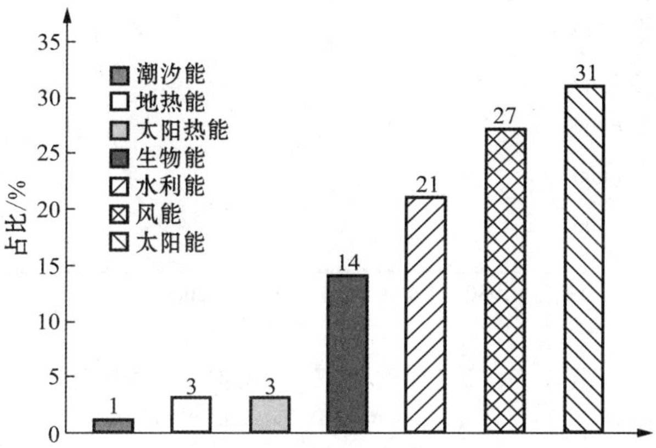

图 1.6 2040 年世界能源结构
（数据来源：IEA、EREC）

早就有人预言 20 世纪 60 年代以后，石油会逐渐枯竭[3]。1973 年的第三次石油危机发生时，又有人重提“传统能源耗竭论”。而对著名的哈伯特石油峰值理论（Hubbert oil peak theory），争议也从未停息过[4]。

如果我们为了支持太阳能，而过度地渲染“传统能源耗竭论”，确实有一些不客观。但是，过去几年间，石油价格飙升了 10 倍。能源投资回报率（energy return on energy invested，EROI），即产出能源焦耳数和投入能量焦耳的比值，在几十年来有明显的下滑。由于人们开采石油难度越来越大，成本越来越高，美国石油工业的 EROI 从 1930 年的 100 降至现在的 15[5]。

能源危机的另一个成因是经济全球化，中国和印度两个发展中大国对能源的需求与日俱增。在这两个快速崛起的发展中国家中，有 7 亿农民进入城市，从事制造业，这么庞大的城市化人口相当于欧盟工人总数的两倍。目前，还有 16.4 亿的发展中国家人口仍然没有通上电。在 21 世纪，一定有更多的贫困地区，通过经济发展，使当地居民用上各种电器，这也会大幅度地增加人类对能源的需求，最终使能源危机更为严重。据预测，到 2050 年，全球的能源需求是现在的 2 倍，而到本世纪末，全球的能源需求是现在的 3 倍。

可再生能源发展的动力，除了能源危机，还有全球气候变暖。近年来，世界各国人民对全球气候的异常变化都深有感触。2007 年 6 月中旬，南欧各国也经历了 50℃的高温炙烤。美国南部各州，每年都要受到破坏性极大的飓风袭击。因此，我们应该加快发展可再生能源产业，遏制温室气体排放。

20 世纪 90 年代＄10～20/桶的低油价，使太阳能这个早该鼓励发展的科学领域，完全失去了活力，许多科研方向由于缺乏研究经费被搁置了。近年来，随着石油价格的迅速攀升，太阳能产业也以两年翻倍的速度蓬勃发展着，从 2006 年的 2521MW 发展到 2007 年的 3800MW，如图 1.7 所示[6]。

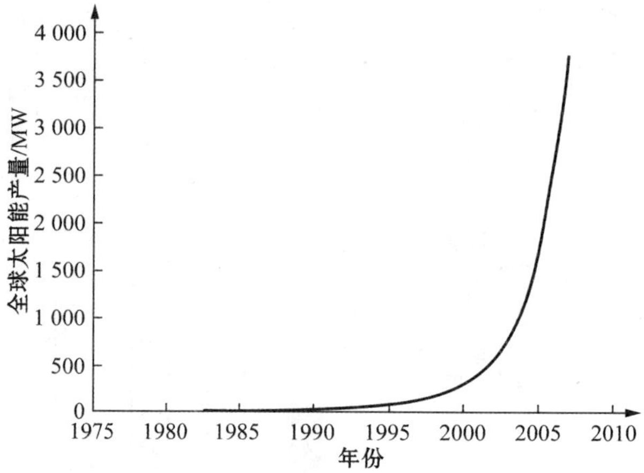

图 1.7　1975 年到 2007 年的全球太阳能产量
（数据来源：Earth Policy Institute、Worldwatch、Prometheus、REN21）

太阳能的应用也从农村电气化的离网（off-grid）发展到并网（in-grid）。如装有太阳能发电系统的西班牙一写字楼情况，如图 1.8 所示。在白天，太阳能发电量超过写字楼的用电量，多余的发电量可以上网。在晚上，写字楼需要通过电网获取电能[7]。

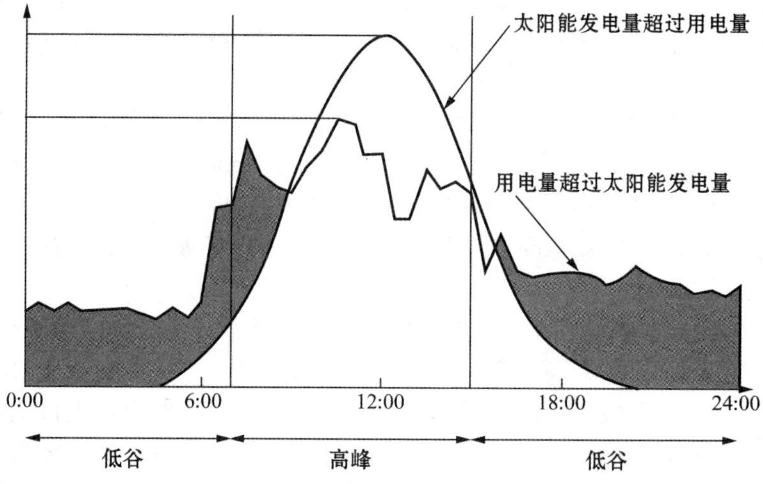

图 1.8　一天中太阳能系统发电量和写字楼用电量的比较
（数据来源 EPIA）

随着近年太阳能产业的快速发展，行业得到了大量的政府政策支持和风险投资。2006 年，全世界就有＄50 亿的投入，相对前一年增长 43%[6]。目前＄300 亿的全球太阳能产业，主要的产品还是 20 世纪 70 年代开发的晶体硅电池，占全球能源市场的 0.1%。市场非常需要比传统晶体硅太阳能电池转换效率更高、成本更低廉、质量更可靠的新型太阳能电池。大规模的风险投资，也必然会促进新技术的不断发展。

1.3 太阳能电池的三次技术革新浪潮

早在 2000 年，全世界太阳能行业就定下了 2020 年的行业目标[6]：

(1) 把单晶硅电池的转换效率从 16.5%提高到 22%；

(2) 多晶硅电池的转换效率从 14.5%提高到 20%；

(3) a-Si/μc-Si、CIGS 和 CdTe 薄膜电池的转换效率提高到 10%～15%；

(4) 发展有机电池和 GaAs 电池；

(5) 鼓励 BIPV，以降低系统成本。

值得庆幸的是，近十年以来，太阳能产业在这几方面都取得了不小的进步。Nanosolar 提出太阳能产业的“三次技术革新浪潮”概念，如表 1.1 所示。

表 1.1 太阳能电池发展的三次技术革新浪潮

三次技术革新浪潮	第一次	第二次	第三次
	晶体硅电池	玻璃衬底、真空沉积的薄膜电池	卷对卷柔性电池
工艺	以太阳能级硅为原材料	真空溅射和沉积	不需要真空条件的印刷技术
工艺特点	硅片、电池片易碎	设备昂贵	易于规模化
生产良率	高	较高	高
材料使用率	30%	30%～50%	>95%
衬底材料	硅片	导电玻璃	导电塑料或金属箔片
电流	高	低	高
能源回收期	3 年	1.7 年	<1 个月
产出/投入	1	2～5	10～25

(数据来源：Nanosolar)

第一次技术革新浪潮发生在 30 年前，是以太阳能级硅和硅片为原材料的晶体硅电池(crystalline silicon solar cell)，它目前仍然是太阳能产业的主流，如图 1.9 所示。但是，该技术想要继续大幅地降低成本，难度不小。因为需要通过改良西门子法，提纯多晶硅，所以硅棒和硅片的价格居高不下。而且由于硅材料对太阳光的吸收系数不高，硅片必须有一定的厚度，也不利于降低成本。另外，硅片和电池片易碎，就更增加整个生产过程中的操作难度。

第二次技术革新浪潮发生在 10 年前，薄膜太阳能电池从此开始了产业化。10 年以来，以 a-Si/μc-Si、CIGS 和 CdTe 为代表的薄膜电池，工艺日趋成熟。薄膜电池的吸收层厚度是晶体硅电池的 1/100，相对来说产品成本较低。但是，薄膜电池的设备和导电玻璃的高成本也很难回避：

(1) 半导体吸收层的制备需要真空沉积，工艺过程较慢，设备昂贵。

(2) 由于采用前壁型结构需要溅射背电极，也增加了一部分的设备成本。

(3) 因为薄膜必须沉积在导电玻璃上，而导电玻璃的成本仍然较高，一般占到产品成本的 1/3。

(a)

(b)

图 1.9　第一次和第二次技术革新浪潮

(a) 单晶硅电池；(b) a-Si/μc-Si 薄膜电池

(图片来源：Wikipedia)

图 1.10　第三次技术革新浪潮的 CIGS 柔性电池封装成 Utility Panel™

(图片来源：Nanosolar)

第三次技术革新浪潮，以柔性电池为代表，原材料成本低廉，运用成熟的高速报纸印刷卷对卷技术，与第二次技术革新浪潮中的薄膜电池一样，无机柔性电池的薄膜厚度也是晶体硅电池的1/100，原材料成本较低。但是，不同的是，原材料不是硅烷气体，而是含有半导体材料的纳米油墨，设备也不需要真空条件。因此，可以称得上是成本最低廉的太阳能电池，如图 1.10 所示。美国 Nanosolar 公司，在铝箔上印刷 CIGS 薄膜，2007 年 12 月实现＄1/Wp的成本。

柔性电池企业对产品的可靠性也进行了测试，在美国亚利桑那州的沙漠中进行了高温老化测试，也在南极进行了低温老化测试，这些测试条件比官方认证机构的可靠性测试条件更为苛刻，如图 1.11 所示。测试结果表明，柔性电池在屋顶光伏系统中应用的寿命＞25 年。

图 1.11　柔性电池在南极接受低温老化测试

(图片来源：Nanosolar)

染料敏化电池的寿命也较理想，在南欧气候环境下可以工作 13 年，而在中欧气候环境下可以工作 22 年，如图 1.12 所示。

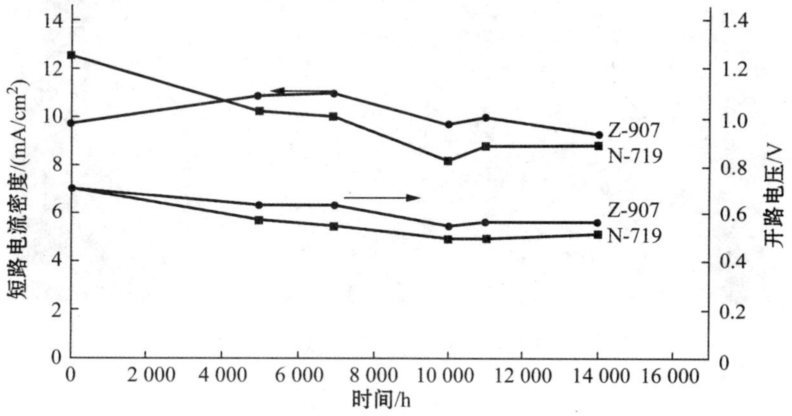

图 1.12　染料敏化电池的可靠性测试

（数据来源：Dyesol）

近年来，全球对可再生能源和可持续发展问题非常关注，在这样的大环境下，太阳能产业经过这三次技术革新浪潮，产品更多元化，应用更广泛化[8]。通过全世界各研究机构和企业的不断努力，一定会有更多、更好、更廉价的太阳能技术应运而生，从实验室进入生产线，再从生产线走向广阔的太阳能电池应用市场。

1.4　光伏建筑一体化

太阳能电池可以安装在空地(free land)上，建成太阳能电站(solar power plant)，以较密集的方式发电。太阳能电池也可以和建筑物结合，实现光伏建筑一体化(building integraded photovoltaics, BIPV)。BIPV 的形式有：

(1) 屋顶光伏一体化(roof-integrated PV)；

(2) 墙面光伏一体化(wall-integrated PV)；

(3) 光伏玻璃幕墙(PV facade)。

发达国家的人们生活富裕，安装太阳能发电系统时，除了可以增加一定的收入和体现环保意识，还有美化建筑的目的。如图 1.13 所示，在纽约一座公寓的车库屋顶上，安装的晶体硅太阳能系统更像是一件艺术品。太阳能电池组件被固定在靛蓝色的金属框架中，并配以花岗岩的底座[9]。标准组件经过艺术化的包装后，大大增加了其附加值。

还有一座英国建筑，也是 BIPV 的典型案例。这幢位于曼彻斯特的摩天大楼，具有 40 年的历史，建筑外墙的马赛克已经逐渐脱落，墙体的水泥层暴露在外。最近，在这幢 25 层、120 米高的建筑的外墙上，安装了 7 000 个太阳能电池组件。在这样的改造之后，深蓝色的多晶硅薄膜电池，使建筑更有现代感，能够起到防水、防潮的作用，并提供了建筑所需 30%的电力，如图 1.14 所示。

染料敏化电池可以被加工成不同的颜色，由建筑师根据自己的设计构思，加以组合，使建筑真正地成为科技和艺术的结晶。在 2005 年日本爱知县世博会上，丰田馆把染料敏化电池取

图 1.13　纽约公寓上的太阳能系统

（图片来源：纽约时报）

图 1.14　曼彻斯特的摩天大楼进行了 BIPV 改造

（图片来源：Inhabitat. com）

代传统的玻璃，通过光伏玻璃幕墙，展现 BIPV 的概念，如图 1.15 所示。当这种透明的太阳能组件被安装在窗户上，室内的光线仍然会相当充沛，又可以避免阳光的直射。

柔性电池可以直接安装到屋顶，不需要框架和支架，减小了安装成本，市场前景广阔。在比利时城镇 Halle 的一家工厂屋顶上，安装商 Biohaus 采用了 United Solar Ovonic 的柔性非晶硅薄膜组件，输出功率为 136kWp，如图 1.16 所示。这样的组件长 5.5m，宽 0.39m，厚 4mm，重量却只有 7.7kg，寿命 20 年，建议屋顶坡度 5°～60°。使用了三结非晶硅技术，底电池掺 Ge，组件的转换效率较高。非晶硅的弱光性好，所以除了朝南的屋顶，朝东的和朝西的屋顶也可以安装。

下面两个案例都使用玻璃衬底的 CIGS 薄膜电池。作为墙面的 BIPV，他们可以取代昂贵的天然石材或不锈钢结构，减少了建筑建造成本。德国 Ulm 的小麦筒仓，高 102m 的墙面上安装了 1 300 片黑色的 CIGS 电池组件作为光伏玻璃幕墙，总功率达 98kWp，如图 1.17 所示。

每年这个太阳能系统发电 70 000kW·h，从而避免了 50 000kg 的 CO_2 排放。因为位置处于进入城市的交通要道上，这样的建筑起了示范工程的作用。

图 1.15　世博会上的染料敏化电池玻璃幕墙
（图片来源：丰田）

图 1.16　大面积的柔性电池组件
（图片来源：Biohaus）

德国 Ferdinand Braun Institute 在 2007 年也建成一块 8m×80m 的黑色光伏玻璃幕墙，安装了 730 个彩色的 CIGS 组件，总功率达 39kWp，如图 1.18 所示。

图 1.17　小麦筒仓安装的 CIGS 电池
（图片来源：Solarserver.de）

图 1.18　德国研究所的 CIGS 光伏玻璃幕墙
（图片来源：Ferdinand Braun Institute）

CIGS 薄膜电池还可以制备成均匀的黑色半透明条纹状，这样的外观为建筑师提供更加具有艺术感的设计素材，如图 1.19 所示。10 排 12m 长的半透明的电池，组成棋盘状的天窗，起到优化室内光照的作用。透明度要恰到好处，需要部分地遮蔽阳光直射，也要保证光照充分，不至于在白天还要开灯照明。但是，当炎热的夏季到来，透过天窗的阳光会使室内温度升高，增加空调系统的负荷。因此，天窗不但设有通风功能，在天窗外还安装了电动机驱动的遮

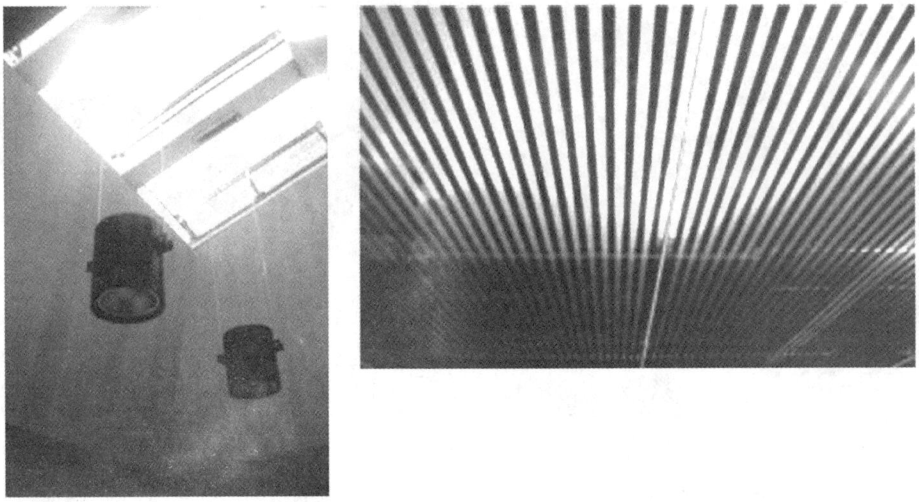

图 1.19　半透明的 CIGS 组件在发电的同时优化了室内的光照
（图片来源：Würth Solar）

阳篷，根据实际情况调节室内的光照度。BIPV 的建筑师应该尽早地参与太阳能系统的设计，从而可以有效地协调太阳能技术和建筑设计的关系。

2007 年，日本夏普公司（Sharp Corporation）推出了 LumiWall，这是带有发光二极管（light emitting diode，LED）的透明薄膜电池，可以用作天窗集成在建筑物上，如图 1.20 所示。在白天，部分太阳光被薄膜电池吸收，部分透射过天窗，像茶色玻璃一样，起到遮阳的作用。夜间，高亮度 LED 用白天储存下来的电能照明。

薄膜电池和柔性电池一样，可以更好地实现 BIPV，和建筑融为一体，比只能作为屋顶瓦片的传统晶体硅电池又进了一步，如图 1.21 所示[10]。

在实际的 BIPV 案例中，还有一些太阳能电池和名胜古迹结合的例子。在德国城镇 Marbach am Neckar，18 世纪伟大作家席勒（Friedrich Schiller）的故居门口，人们使用半透明的 CIGS 电池作为招牌，迎接来访者，如图 1.22 所示。太阳能电池在白天通过逆变器进行并网发电，招牌后的光源在夜间透过半透明的 CIGS 电池发光，所需的电力由电网提供。

在美丽的地中海城镇，意大利的 Porto Venere，人们在城堡上安装了太阳能 LED 灯具，如图 1.23 所示。18 片太阳能电池，通过电线分别悬挂在 6 个拱门上。半透明、灰色的柔性电池和 LED 电珠，集成在可略微弯曲的丙烯酸玻璃衬底上，既实用又美观。白天，太阳能电池把电能储存在电池里；夜间，实现 LED 照明。

2005 年出版了一本 BIPV 设计的书籍《太阳能设计》（Solar Design），如图 1.24 所示。该书给出了 38 条使 BIPV 更加美化的原则，指导建筑师使用各种太阳能电池，对老建筑进行改造或对新建筑进行设计。欧盟也在经济上鼓励这样的 BIPV 建筑设计趋势，希望让更多的建筑师了解认识 BIPV，推动建筑市场对太阳能电池的需求[11]。

从能量返回周期的角度讲，柔性电池比晶体硅电池优越很多，更好地实现了太阳能电池的意义，即环境保护，所以更加合适 BIPV，如图 1.25 所示。

(a)

(b)

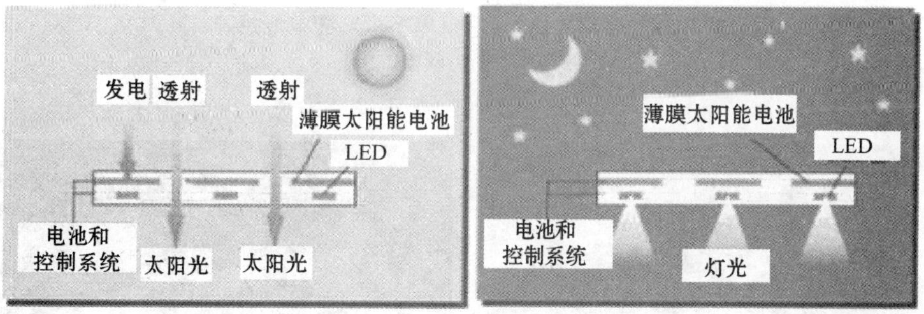

(c)

图 1.20　日本夏普公司的 LumiWall

(a) LumiWall 的正反两面；(b) 天窗在白天和夜晚的效果；(c)基本原理

（图片来源：夏普）

图 1.21　传统晶体硅电池起到瓦片的作用

（图片来源：PV Tiles Inc.）

图 1.22　席勒故居门口的 CIGS 太阳能电池招牌

（图片来源：欧盟）

图 1.23　意大利的城堡安装了太阳能灯

（图片来源：欧盟）

图 1.24 第一本较好的 BIPV 设计书籍
(图片来源:Jovis Verlag)

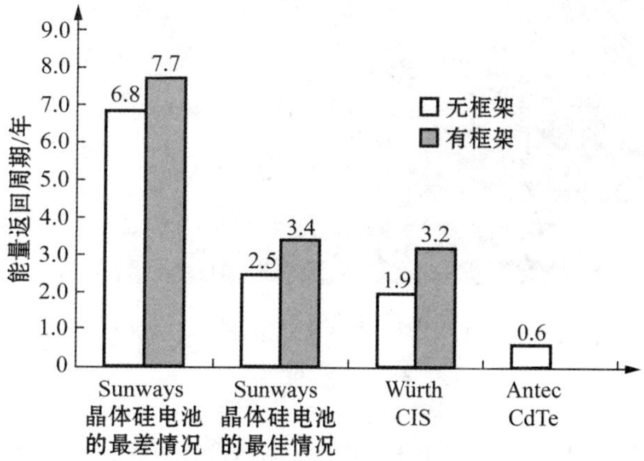

图 1.25 晶体硅和两种薄膜技术的能量返回周期比较
(数据来源:参考文献[12])

1.5 "新概念"电池孵化的太阳能高科技企业

与传统晶体硅电池相对应的,是薄膜电池、柔性电池和其他"新概念"电池。新兴的太阳能高科技企业数量不少,它们大多数都是 5 年内成立的新公司,而且都发展得很快。严格来说,柔性电池都属于薄膜电池,因为它们的生产过程是在柔性衬底上制备各种半导体吸收层薄膜。各种柔性电池的区别在于不同的半导体吸收层材料。本书中,不同的章节将介绍不同类型的柔性电池。

在全球 140 家可再生能源的上市公司中,太阳能企业占了大多数。2006 年被认为是"太阳能的 IPO 之年",全世界涌现出一批通过首次公开招股(initial public offering, IPO)、市值超过 $10 亿的大型太阳能高科技企业。中国的有尚德、赛维 LDK、英利、晶澳和昱辉,国外的有美国 First Solar 公司、德国 Centrosolar 公司等。

中国的十家海外上市太阳能企业中,有不少是由传统制造业转型的,而这种转型的商业模式在国外也屡见不鲜。2006 年,日本的本田汽车(Horda Motor Co.),成立了一家全资子公司 Honda Soltec,年产 27.5MW CIGS 薄膜电池,如图 1.26 所示[13]。Honda Soltec 宣称,公司 CIGS 电池的能量返回周期是传统晶体硅电池的一半,在生产过程中减少了 CO_2 的排放,更加符合太阳能产业发展的目的,即减小温室气体排放,遏制全球气候变暖。

成立于 1945 年的德国伍尔特集团(Würth Group),是世界上最大的机械零件和工具企业之一。最近,伍尔特集团组建了 Würth Solar,专门从事 CIS 电池的生产,投资额为€5 500 万,是伍尔特集团有史以来最大的一笔投资,如图 1.27 所示。与 Honda Soltec 一样,Würth Solar 的太阳能技术,在产品性能和制造工艺上都有一定的先进性。

"科学技术是第一生产力",当人类的聪明才智投向一个明确的目标时,创造力是巨大的。蒸汽机时代、电气时代、IT 时代,有多少传奇可以佐证。新能源时代的序幕才刚刚拉开,现有的技术还需要进一步的完善,全新的技术也在世界各个实验室里酝酿(参见第 6 章)。不少金

图 1.26　位于日本熊本县本田 CIGS 生产基地
(图片来源:Honda Soltec)

WÜRTH SOLAR

图 1.27　Würth Solar 的商标
(图片来源:Würth Solar)

融分析师认为,虽不会出现大批传统能源企业向太阳能方向转型[14]。然而,实验室中的重大突破,结合风险投资,使先进的太阳能技术商业化将成为一种可行的商业模式。

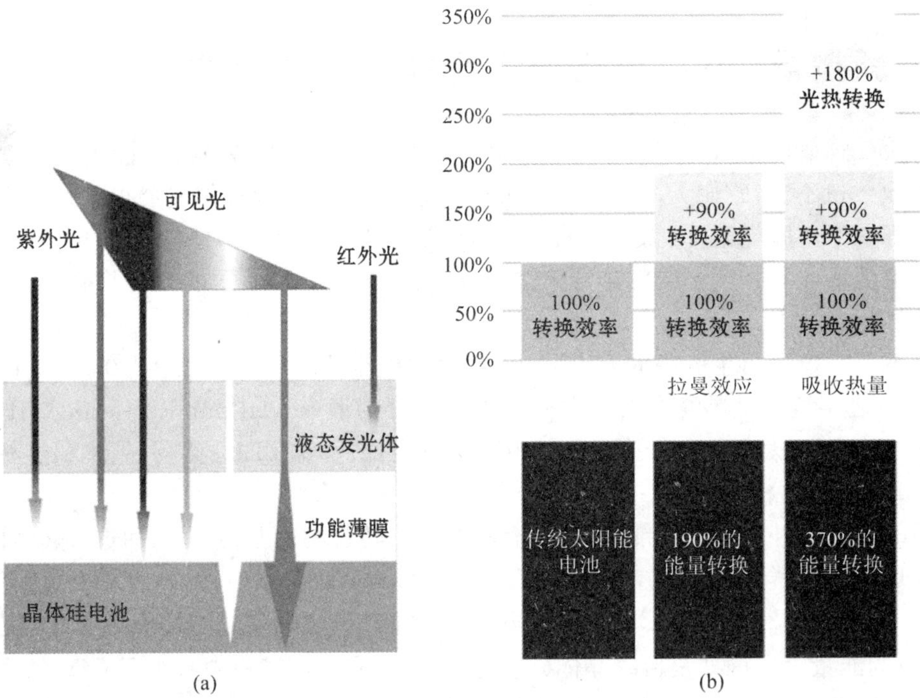

图 1.28　太阳能电池和光电热发电器 LETG
(a) LETG 的结构;(b) LETG 的转换效率提高了 90%,还有很大比例的阳光辐射转换为热能
(图片来源:Global Warming Solutions)

美国 Global Warming Solutions 公司开发了光电热发电器(light electric and thermal generator,LETG),这是一种光伏和光热的混合系统(hybrid photovoltaic/thermal,PV/T),其转换效率是晶体硅的 1.9 倍,其发热量是晶体硅电池发电量的 1.8 倍,而且发出的热能便于储存,如图 1.28 所示[15]。LETG 由晶体硅太阳能电池和可流动的液态发光体

(liquid luminophor)组成。液态发光体是一种创新的有机聚合物。通过拉曼效应(Raman effect),液态发光体把太阳辐射中的紫外光(ultraviolet light, UV light)和短波长的可见光(visible light),转化为长波长的可见光,即斯托克斯线(Stokes spectrum),这是晶体硅电池最敏感、最容易吸收的光谱区域,所以其转换效率达到晶体硅电池的190%。太阳辐射中的红外光(infrared light, IR light),即热能,被液态发光体吸收,达到晶体硅电池发电量的180%。这样,晶体硅电池得到冷却的同时,这些热量可以供生活使用或再次转化为电能。

LETG的概念适用广泛,可以结合单晶硅、多晶硅、非晶硅薄膜或者其他太阳能电池材料。由于提高了转换效率,增加的发电量很好地补偿了液态发光体和封闭结构的费用,LETG的发电成本比传统的晶体硅电池要低,见表1.2。太阳能行业追求的目标是提高转换效率和降低成本,使太阳能发电有更广阔的应用前景,LETG为太阳能行业带来一个新的光伏和光热结合的发展方向。

表1.2　LETG和晶体硅组件的价格比较

系　　统	价格/($/$W_p$)
普通的晶体硅组件	4.9
LETG的样品	3.65
量产后的LETG	2.55

(数据来源:Global Warming Solutions)

石油、煤炭和核能等能源的发电时间是可以控制的,但是对太阳能和风能这样的新能源,发电时间却不能掌控。这一个特征非常重要,一种形式的能源,越能控制其使用,价值就越高。在可控制性方面,太阳能光伏发电不如以太阳能热水器为代表的太阳能光热发电。光伏发电需要电池来存储,或较复杂的系统实现并网发电。而LETG这种光伏和光热的混合系统,得到的能量有一半是便于储存的热能,可以部分地控制能源的使用,因此具有一定的价值。

另一项值得介绍的技术是芬兰公司Braggone开发的具有陷光作用(light-trapping)的涂层技术。太阳光入射到普通的硅表面,会有30%反射回空气。为了提高太阳能电池的转换效率,需要在硅表面镀上防反射层(anti-reflective coating)。但是,如通过氢化(hydrogenation)和化学气相沉积(chemical vapor deposition,CVD)制备防反射层,价格昂贵。Braggone公司的新技术用相当廉价的方式,减少了光的反射损耗,从而提高了电池的转换效率,如图1.29所示。制备时,把镀膜材料喷涂在太阳能电池上,然后高温固化。预涂膜LUX-MH10可以使电池表面钝化,而防反膜LUX-ME可以增加转换效

图1.29　减反膜使晶体硅电池的转换效率有很好的提升

(图片来源:Braggone)

率,比用氢化和化学气相沉积更经济、更简单[16]。Braggone 公司的这种陷光涂层技术最初是为晶体硅设计的,但也可以用于薄膜电池表面。

近年来,可再生能源产业在美国发展迅速,尤其以加利福尼亚州的太阳能产业为代表。全美国 12 家左右的知名太阳能企业中,有 8 家位于加州,其中有 7 家位于硅谷[17]。加州,是世界上最大的太阳能创业基地之一,也被认为是未来几年全世界最大的太阳能市场之一。加州的太阳能发电量占了全美的四分之三。加州政府推行了"百万屋顶太阳能计划",投入了 32 亿,进行太阳能安装补贴。州政府的补贴促进了风险投资对太阳能行业的强烈兴趣。2006 年,16 家加州太阳能企业得到总值＄2.53 亿的风险投资,而在 2007 年,33 家加州太阳能企业得到总值 6.5 亿的风险投资,占全美国的一半[18]。

硅谷 SunPower 公司,是美国斯坦福大学(Stanford University)的一家孵化企业,制造的晶体硅电池应用全背接触电池技术(all-back-contact solar cell),2008 年 5 月宣称实现了 23.4%的转换效率。2007 年营业收入超过＄7.75 亿,比 2006 年翻了三倍,2007 年在纳斯达克的股票飙升了 251%。

同样在硅谷的 Nanosolar,最近实现了 CIGS 柔性电池的量产,成为全世界最大的 CIGS 生产企业。Nanosolar 运用的工艺起源于高速报纸印刷的卷对卷技术。卷对卷技术是在大尺寸的卷装铝箔上,喷涂纳米级 CIGS 油墨,然后裁剪成小尺寸的太阳能电池,再封装成组件(参见第 3 章)。值得一提的是,Nanosolar 得到了谷歌创始人 Larry Page 和 Sergey Brin 的投资。

还有一家较为知名的加州太阳能企业是位于洛杉矶的 Solar Integrated。该公司致力于通过廉价的方式,把柔性非晶硅太阳能电池集成于居民住宅或商业楼宇,如图 1.30 所示。

图 1.30 Solar Integrated 专注于柔性电池的安装

(图片来源:Solar Integrated)

加州的这些太阳能企业,立足的根本是技术的创新,他们的商业发展空间很大,在几年后,都可能成为市值＄10 亿的企业[19]。

新兴太阳能企业的技术,仍然以薄膜电池和柔性电池为主,并以最成熟的非晶硅电池为代表,见表 1.3。

表 1.3 新兴的太阳能高科技企业

技术	公司	国家	城市或地区	网址
CIS 电池	Würth Solar	德国	Schwäbisch Hall	www.wuerth-solar.de
	Avancis	德国	Torgau	www.avancis.de
	Schüco	德国	Bielefeld	www.schueco.com
	Sulfurcell Solartechnik	德国	柏林	www.sulfurcell.de

（续表）

技术	公司	国家	城市或地区	网址
CIGS 电池	Nanosolar	美国	加利福尼亚州，圣何塞	www.nanosolar.com
	本田	日本	熊本县	world.honda.com/HondaSoltec
	Global Solar	美国	亚利桑那州，图森	www.globalsolar.com
	HelioVolt	美国	得克萨斯州，奥斯汀	www.heliovolt.net
CdTe 电池	First Solar	美国	亚利桑那州，Tempe	www.firstsolar.com
	Arendi	意大利	米兰	www.arendi.eu
非晶硅电池	Flexcell	瑞士	Yverdon-les-Bains	www.flexcell.com
	Solar Integrated	美国	加利福尼亚州，洛杉矶	www.solarintegrated.com
	United Solar Ovonic	美国	密歇根州，Auburn Hills	www.uni-solar.com
	夏普	日本	葛城县	www.sharp-solar.com
	Schott Solar	德国	Alzenau	www.schott.com
	Biohaus PV Handels	德国	Paderborn	www.biohaus.de
	Kaneka	日本	Toyooka	www.pv.kaneka.co.jp
	尚德	中国	上海	www.suntech-power.com
	百世德	中国	江苏苏州、江西南昌	www.bestsolarco.com
	津能	中国	天津	www.jns.cn
	普乐	中国	安徽蚌埠	www.polar-energy.com
	强生	中国	江苏南通	www.qspv.net
	宇通	中国	台湾	www.auriasolar.com
染料敏化电池	G24 Innovations	英国	卡迪夫	www.g24i.com
	Dyesol	澳大利亚	Queanbeyan	www.dyesol.com
	Aisin Seki	日本	爱知县	www.aisin.com
	Fraunhofer ISE	德国	Freiburg	www.ise.fhg.de
	Solaronix	瑞士	Aubonne	www.solaronix.com
有机电池	Konarka	美国	马萨诸塞州，Lowell	www.konarka.com
第三代电池	QuantaSol	英国	Richmond, Surrey	www.quantasol.com
	SunFlake	丹麦	哥本哈根	www.sunflake.dk

（数据来源：qualitas1998. net/flexible_solar_cells）

全世界能源市场有＄3万亿，目前太阳能只占了这个市场的0.1%，还有巨大的发展潜力。在高油价和全球气候变暖两个推动因素影响下，要促进太阳能产业的发展，特别需要大力开拓市场。我们希望像电脑在过去二十年的发展一样，能够把太阳能推广到全世界的公司、学校、车站、机场甚至千家万户。而发展太阳市场的最关键因素，就是要降低太阳能系统的发电成本，当太阳能系统的发电成本低于火力发电成本时，即实现所谓的平价上网，太阳能产业就可以在不需要政府政策补贴的情况下，依靠完全的市场驱动，快速地发展了(参见第7章)。

本书主要介绍柔性太阳能电池，这种新颖的电池，会使发电成本大幅下降，通过技术创新、工艺改良和生产规模扩大，柔性太阳能电池成本接近火力发电成本，要比晶体硅容易许多。Nanosolar已经宣称，它们的太阳能电池成本＜＄1/Wp的火力发电成本。

还有一种称为太阳能光热发电(solar thermal power generation)的技术，不是本书的重点，但也是实现平价上网的有效方式，这里列举两家美国公司Ausra和eSolar的例子。

硅谷Ausra公司，是一家著名的太阳能光热发电企业，由风险投资人Vinod Khosla帮助创立。在该公司的光热发电系统中，收集太阳光的追日反射镜会随着太阳的角度转动，反射镜

(a)

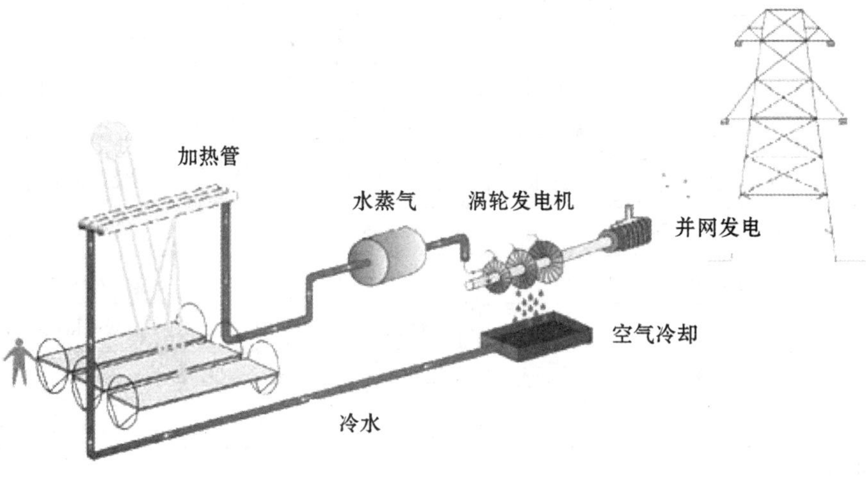

(b)

图 1.31　大规模太阳能光热发电系统

(a) 外观；(b) 基本原理

(图片来源：Ausra)

把太阳光聚焦到位于其上方的加热管，管中的水被加热成蒸汽，最终推动涡轮发电，如图1.31所示。其核心技术是紧凑线性菲涅尔反射镜（compact linear Fresnel reflector，CLFR）和蒸汽发电系统。该系统运用水作为汽化液体，更廉价、更安全、更环保。Ausra宣称，其光热发电系统将在一年内实现天然气＄0.092/kW·h的发电成本，在三年内实现煤炭＄0.06～0.08/kW·h的发电成本。

20世纪90年代初，澳大利亚的悉尼大学（Sydney University）首先提出了这种光热发电方式，Ausra实现了该技术的产业化并计划在全世界兴建数个大规模的光热发电站[20]。目前，Ausra正在加州中部建造一座177MW的大型太阳能光热发电站。2010年后，这个电站可以供给12万户居民的用电量。

另一家硅谷公司eSolar，也从事太阳能光热发电，并得到了谷歌的投资[21]。

eSolar和Ausra的光热发电系统都运用追日反射镜和蒸汽涡轮发电，但是不同之处在于，eSolar运用的不是加热管而是加热塔。追日反射镜把太阳光聚集到加热塔上端的水箱中，由于太阳光的聚集度很高，冷水快速地变成水蒸气，水蒸气被收集后推动涡轮发电机发电，如图1.32所示。eSolar的理念是，用最低的成本和最简易的安装方式，实现太阳能光热发电。由于太阳能光热发电特别适合应用于美国西部的这样的荒漠地区，为了减小荒漠上的强风对反射镜的损害，反射镜的尺寸设计得较小，提高了系统的可靠性。同时，小巧的尺寸也适合于集装箱运输和人工的安装。由于系统已经在工厂生产时进行了部分的装配，这就进一步简化了现场的安装过程[21]。

(a)　　　　(b)

图1.32　追日系统
(a) 远景；(b) 近景
（图片来源：eSolar）

2008年，eSolar得到了两家美国知名电力公司的订单，Southern California Edison的245MW订单和NRG Energy的500 MW订单，两个工程均计划在2011年实现并网发电。

新颖的太阳能发电构想和设计不少，人类无穷的想象力，推动了科学技术的发展，在太阳能发电这个广阔的市场上，一定会孕育出更多的新产品，也一定会造就出更多成功的太阳能高科技企业。

参 考 文 献

[1] Plastic Logic，Inc [EB/OL]. http://www.plasticlogic.com.

[2] Hoffmann，W. A Vision for PV Technology up to 2030 and beyond-An Industry View [C] // European Photovoltaic Industry Association，Brussels，September 28th，2004.

[3] Maugeri，L. The Age of Oil-The Mythology，History，and Future of the World's Most Controversial Resource [M]. New York：Praeger Publishers，2006.

[4] Deffeyes，K. S. Beyond Oil：The View from Hubbert's Peak [M]. New York：Hill and Wang，2005.

[5] Cleveland，C. J.，Hall，C. A. S. and Herendeen，R. Energy returns on ethanol production [J]. Science，2006，312：1746.

[6] Dorn，J. G. Solar Cell Production Jumps 50 Percent in 2007 [EB/OL]. Washington：Earth Policy Institute，December 27，2007. http://www.earth-policy.org/Indicators/Solar/2007.htm.

[7] The report of the European Photovoltaic Industry Association. EPIA roadmap [EB/OL]. European Photovoltaic Industry Association (EPIA)，June 2004. http://www.epia.org/fileadmin/EPIA_docs/publications/epia/EPIAroadmap.PDF.

[8] Green，M. A. Cited on the occasion of the honorary award of the 2002 The Right Livelihood Award [EB/OL]. Right Livelihood Award Foundation. http://www.rightlivelihood.org/green.html.

[9] Dwyer，J. Power to the People Is Not So Easily Achieved [N/OL]. New York：The New York Times，January 23，2008. http://www.nytimes.com/2008/01/23/nyregion/23about.html? ref=nyregion.

[10] PV Solar Energy Pty，Ltd [EB/OL]. http://www.pvsolartiles.com.

[11] PVACCEPT [EB/OL]. http://www.pvaccept.de.

[12] Hermannsdörfer，I. and Rüb，C.，Eds. PVACCEPT Final Report [R]. PVACCEPT，2005.

[13] Honda Soltec Co.，Ltd [EB/OL]. http://world.honda.com/group/HondaSoltec/.

[14] Revkin，A. C. and Wald，M. L. Solar Power Wins Enthusiasts but Not Money [N]. New York：The New York Times，July 16，2007.

[15] Global Warming Solutions，Inc [EB/OL]. http://www.globalwarmingsolutions.com.

[16] BraggOne Oy [EB/OL]. http://www.braggone.com/index.php? option=content&task=view&id=28.

[17] Richtel，M. and Markoff，J. A Green Energy Industry Takes Root in California [N]. New York：The New York Times，February 1，2008.

[18] Cleantech Group [EB/OL]. http://www.cleantech.com.

[19] Kammen D. University of California，Berkeley [EB/OL]. http://socrates.berkeley.edu/_kammen.

[20] Ausra，Inc [EB/OL]. http://ausra.com/news/releases/071105.html.

[21] eSolar，Inc [EB/OL]. http://www.esolar.com.

2 太阳能电池原理

2.1 概论

“光伏”对应的英语单词是 photovoltaics。词根 photo—来源于希腊语，意思是“光”。Volt 是我们熟悉的电压单位伏特。而 Volt 是以 1800 年发明电池的意大利物理学家亚历桑德罗-伏特(Alessandro Volta)的姓氏命名的。太阳能电池的功能是把太阳光转换为电压和电流，是一种光电转换。

在金属表面照射紫外光，可以发生光电效应。正如爱因斯坦解释的那样，由于入射光的光子(photon)能量大于电子的束缚能，所以产生了自由电子。

光伏效应比光电效应的效率高很多。因为在发生光伏效应的太阳能电池中，两种极性相反的半导体组成了 p-n 结(p-n junction)，形成内建电场(built-in electric field)，驱动电子进入电路，在电路中形成电压和电流，如图 2.1 所示[1]。

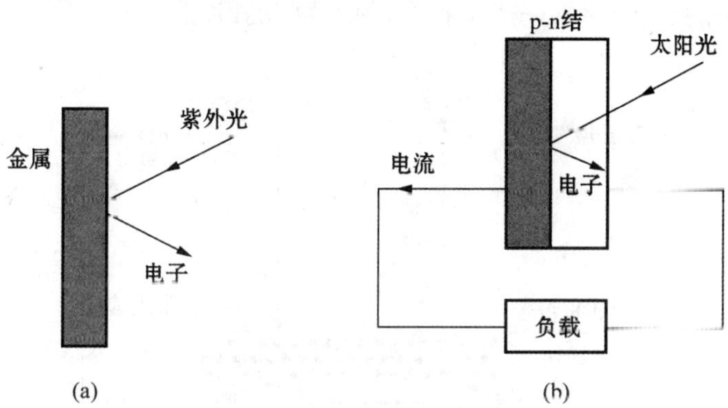

图 2.1 光电转换现象

(a) 光电效应；(b) 光伏效应

(图片来源：参考文献[1])

太阳能电池的基本结构，如图 2.2 所示。p-n 结由两种极性相反的半导体组成。n 型半导体，是掺 P 的 Si 晶体，易于给出电子，是施主(donor)材料。p 型半导体，是掺 B 的 Si 晶体，易于获得电子，是受主(acceptor)材料。它们独立存在时，都是电中性的。当两种半导体连接在一起，电子从 n 型半导体扩散到 p 型半导体。在 p 型半导体靠近边界附近，形成负电荷区，在 n 型半导体靠近边界附近，形成正电荷区。出现从 n 型半导体指向 p 型半导体的内建电场。扩散(diffuse)到 p 型半导体的部分电子，又在内建电场作用下漂移(drift)到 n 型半导体，最终 p-n 结中电子的扩散和漂移达到热平衡。

当太阳光照射到 p-n 结，如果光子能量 $h\nu$ 超过带隙的能量阈值，电子吸收 $h\nu$，进入导带，如图 2.3 所示。当一个价带的电子进入导带，在价带中就留下一个空穴(hole)，形成电子-空

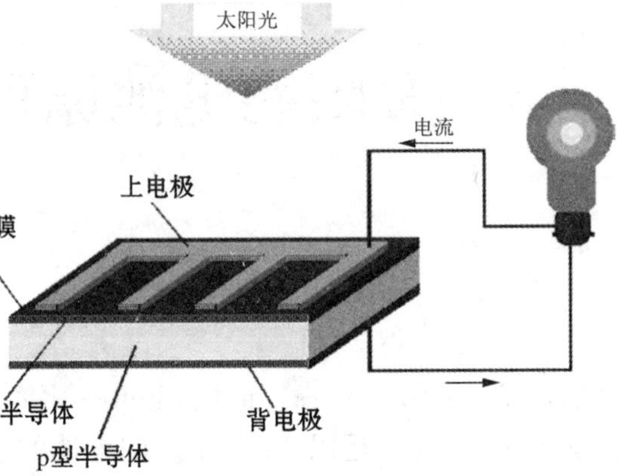

图 2.2 太阳能电池的基本结构

(图片来源:参考文献[2])

穴对。p-n 结中电子的扩散,形成了内建电场,所以,不管光生电子在 n 型半导体中生成,还是在 p 型半导体中生成,都会沿着内建场方向进入 n 型半导体。这样,光伏效应形成的光生电场减弱了内建电场,光生电场和内建电场达到平衡后形成稳定的光生电流。被激发的电子通过和 n 型半导体连接的负电极进入电路,在电路中的负载中做功后,回到和 p 型半导体连接的正电极,电子和价带中的空穴复合,完成了整个光伏效应的过程。

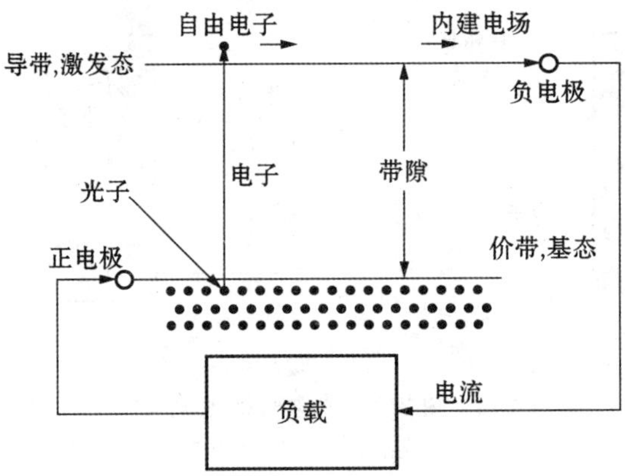

图 2.3 p-n 结的光伏效应

(图片来源:参考文献[1])

p-n 结的各种能级跃迁过程,如图 2.4 所示。

(1) 辐射吸收(radiation absorption):当光子的能量大于半导体材料的带隙,被价带中电子吸收,电子跃迁到高能级的导带,空穴留在了价带,产生电子-空穴对,如图 2.4①所示。

(2) 非辐射跃迁(non-radiative transition):电子从导带中不稳定的高能级,跃迁到同样在导带中相对稳定的低能级。由于它们的能级差较小,释放的光子为红外光,以热振动的声子(phonon)方式传递给晶格(lattice),如图 2.4②所示。

(3) 电子的漂移:由于 p-n 结固有的内建电场,光生电子从 p 型半导体向 n 型半导体漂移。同时，光生电场会减弱内建电场，如图 2.4③所示。

(4) 形成电流：光生电子通过 n 型半导体，进入电极，在电路中形成电流，如图 2.4④所示。

(5) 自发辐射(spontaneous emission)：导带上一部分不稳定的电子也会自发地跃迁到低能级的价带，并释放出光子，如图 2.4⑤所示。

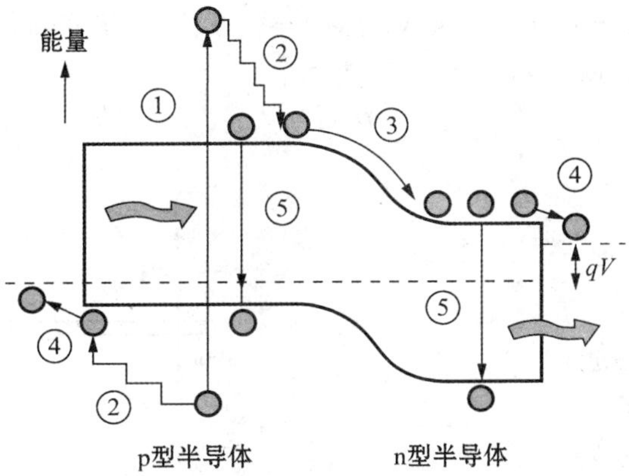

图 2.4　在 p-n 结中，电子的各种能级跃迁方式

(图片来源：参考文献[3])

普通电池的电动势(electromotive force, e. m. f.)是指在电源内部，非静电力把单位正电荷从负极移送到正极时所做的功。电动势实际上就是电源加在外电路两端的电压，这是基于一个事实，即普通电池是稳定的电压源。而太阳能电池不是稳定的电压源，而是稳定的电流源，如图 2.5 所示。当太阳光照一定，变化电路中的负载，并不会影响太阳能电池的电流，而只会影响电压。因为光生电子的数量是稳定的，电流就稳定。增加电路中的负载后，根据欧姆定律，电流不变化，电压就变化。外电路的电压就是光生电场的电压。只要光生电场比内建电场小，光生电子仍然向与 n 型半导体连接的负极漂移。当光生电场和内建电场之间的电势差，不足以驱动电子向 n 型半导体漂移，电流才会减小。电流在刚开始减小时，电路出现功率最大。

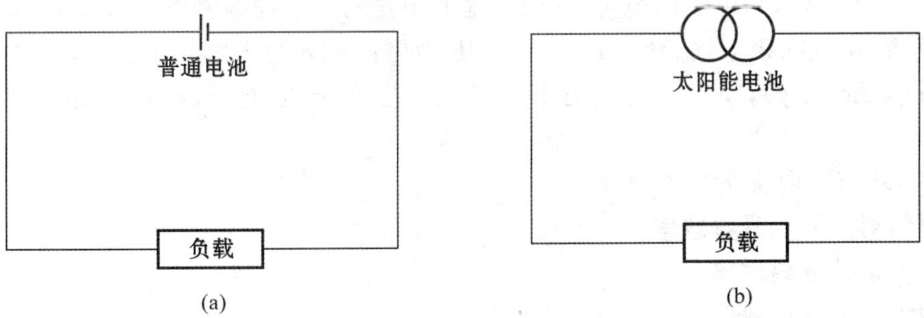

图 2.5　普通电池和太阳能电池的比较

(a) 普通电池是电压源；(b) 太阳能电池是电流源

(图片来源：参考文献[1])

电流和电压的关系 $I(V)$ 由伏安特性(current-voltage characteristic)曲线体现，如图 2.6 所示。作为电压源的普通电池，在工作电流范围内，电流会随着负载功率的增加而增加，但是

电压几乎不随之变化。作为电流源的太阳能电池，在太阳光照不变的情况下，电压会随着负载功率的增加而增加，但是电流几乎不随之变化。但是，如果光照增加，电流会随之增加。

开路电压(open circuit voltage, V_{OC})，是太阳能电池处于开路状态时，测量的电池两端电压，即伏安特性曲线和电压轴的交点，如图 2.7 所示。短路电流(short circuit current, I_{SC})是电池处于短路状态时，测量的电路电流。由于电流和电池的受光面积成正比，所以也经常用短路电流密度(short circuit current density, J_{SC})替代 I_{SC} ，即伏安特性曲线和电流密度轴的交点。而功率用功率密度(power density, P)表示。

$$P = JV \tag{2.1}$$

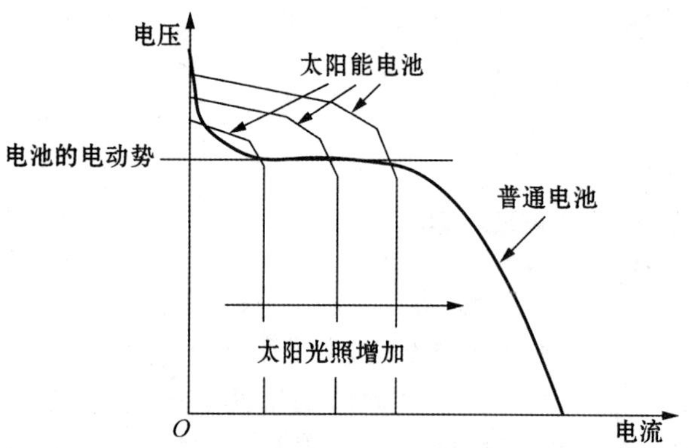

图 2.6　太阳能电池和普通电池的伏安特性曲线比较
(图片来源：参考文献[1])

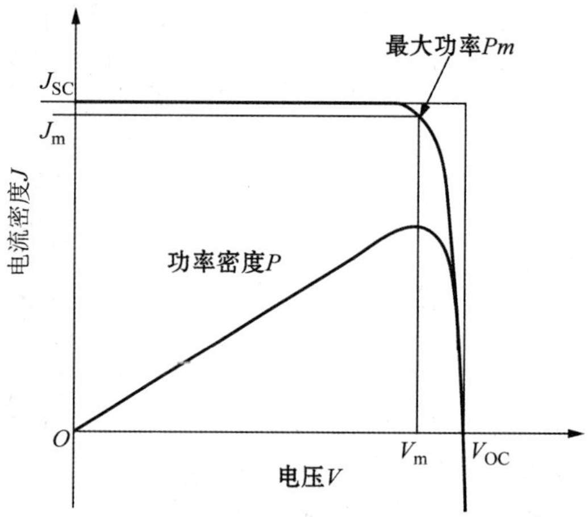

图 2.7　太阳能电池的伏安特性曲线
(图片来源：德国柏林 Hahn-Meitner Institut)

短路电流密度可以表示为：

$$J_{SC} = q\int b_S(E)QE(E)\mathrm{d}E \tag{2.2}$$

$q = 1.6\times10^{-19}\mathrm{C}$ ，是电子的电量。$b_S(E)$ 是太阳光的光子通量密度(photon flux density)，即单位时间内、单位面积上，能量在 E 到 $E+\mathrm{d}E$ 范围内的入射太阳光子数；$QE(E)$ 是量子效率(quantum efficiency)，即一个能量为 $E = h\nu$ 的光子，产生电子跃迁，并进入外部电路的概率。

材料的 $QE(E)$ 取决于三个因素：

(1) 材料对光子的吸收效率；

(2) 载流子的分离效率；

(3) 载流子的输运效率。

由式(2.2)可知，通过 $b_S(E)$ 和 $QE(E)$ 乘积的积分，可以得到 J_{SC} 。要得到高的 J_{SC} ，除了要 $b_S(E)$ 和 $QE(E)$ 尽可能大，还要求电池的 $QE(E)$ 尽量和太阳光的 $b_S(E)$ 匹配，如图 2.8 所示。太阳光谱在不同波长的光子通量密度 $b_S(E)$ 是不同的。为了达到最高的转换效率，应该使电池半导体材料的量子效率谱 $QE(E)$ 尽可能地匹配太阳光的光子通量密度 $b_S(E)$ 。

当 P 达到最大值时，实现最大功率或额定功率(maximum power, rated power, P_m)，与

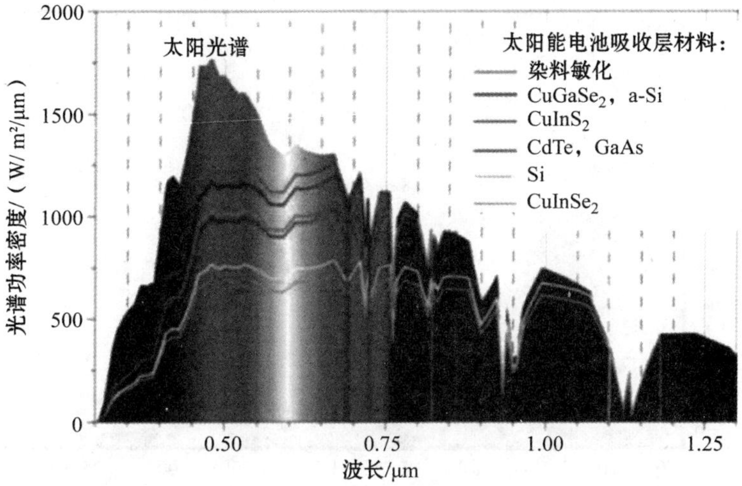

图 2.8 太阳光谱和各种太阳能电池的量子效率谱
(数据来源:德国柏林 Hahn-Meitner Institut)

之对应的是最佳工作电压(optimum operating voltage, V_m)和最佳工作电流密度(optimum operating current density, J_m), V_m 接近 V_{OC},而 J_m 接近 J_{SC}。在伏安特性曲线图 2.7 中,里面一个较小的长方形面积表征 $P_m = J_m \cdot V_m$,而外面一个较大的长方形面积表征 $J_{SC} \cdot V_{OC}$。定义两个长方形面积的比值为填充因子(fill factor, FF)。

$$FF = \frac{J_m V_m}{J_{SC} V_{OC}} \tag{2.3}$$

太阳能电池的转换效率(efficiency)是最大功率密度和太阳光的辐照度(irradiance) P_S 的比值。

$$\eta = \frac{P_m}{P_S} \tag{2.4}$$

η 和 FF 的关系为:

$$\eta = \frac{J_{SC} V_{OC} FF}{P_S} \tag{2.5}$$

因此, J_{SC}、V_{OC}、η 和 FF 四个参数可以全面地描述太阳能电池的特性,而转换效率 η 是其中最重要的参数。

但是, η 和 P_S 的关系密切,为了使不同电池的 η 有可比性,有必要定义一个标准的太阳光照条件。业内通行的标准测试条件(standard test condition, STC)定义为:大气质量(air mass) $AM1.5$,辐照度 $P_S = 1\,000\text{W/m}^2$,温度 25 ± 1℃。而标准操作电池温度(nominal operating cell temperature, NOCT)要求辐照度 $P_S = 800\text{W/m}^2$,环境温度 25℃,电池板背面实际温度<50℃,平均风速 1m/s。

大气质量 AM 的定义为:太阳光通过大气的实际距离与大气垂直厚度之比,即 $AM = \frac{1}{\cos\theta}$, θ 为天顶角(zenith angle)。$AM1$ 表示太阳光从垂直于海平面的天顶方向入射的光谱,天顶角 θ 为 0°。$AM1$ 的辐照光谱包含了 H_2O、O_2、O_3、CO_2 等吸收光谱,如图 2.9 所示。$AM0$ 是指大气层外的太阳光谱,适合于人造卫星或宇宙飞船的应用。STC 定义中的 $AM1.5$ 表示天顶角 θ 为 48.2°的太阳光谱,而 $AM2$ 表示天顶角 θ 为 60.1°的太阳光谱。

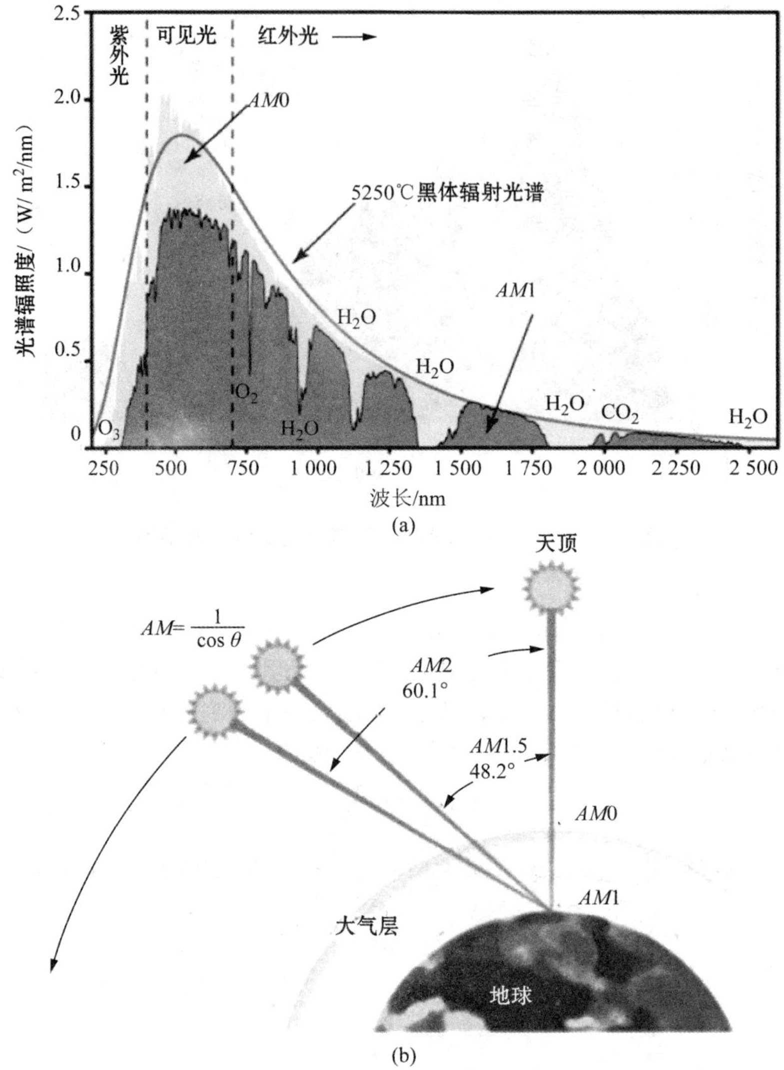

图 2.9　大气质量 AM

(a) $AM1$、$AM0$ 和黑体辐射光谱的比较；(b) 大气质量 AM 的定义

（图片来源：Laser Focus World）

太阳光在地球上的平均辐照度为 170W/m^2，是 STC 定义中辐照度的 1/6。事实上，只有在阿尔卑斯山海拔 4 158 米的少女峰(Jungfrau)这样的极端地理条件下，才可能有 STC 的定义中辐照度 1 000W/m^2、温度 25℃的条件。

晶体硅电池在太阳辐照＜200W/m^2 时，功率和转换效率会明显降低。而包括柔性电池在内的薄膜电池，耐高温特性和低辐照度条件下的弱光性较晶体硅电池好。在实际应用中，柔性电池和薄膜电池在清晨和黄昏时都可以发电，在阴雨天也可以发电，比晶体硅电池的工作时间长。柔性电池和薄膜电池在热带地区、沙漠戈壁和夏季的性能，也比晶体硅电池好。

由于晶体硅电池工艺成熟，设备投资额较低，目前仍然是太阳能产业的主流。单晶硅和多晶硅电池片(cell)的尺寸一般为 125mm×125mm 或 165mm×165mm。为了最大限度地提高光吸收，电池片表面经过防反射处理，颜色一般为深蓝色或黑色。单片电池片的 V_{OC} 在 0.6V 左右，V_m 在 0.5V 左右，I_{SC} 为 5～8A，I_m 为 4～7A，P_m 为 2～4W，η 为 15%～17%，*FF* 为 65%～80%。但是，这样的功率并不能满足实际应用，通常需要把二三十片电池片先串联再并联成为组件(module)。组件会并联旁路二极管(bypass diode)，防止单个电池片损坏引起组件损坏。组件还会串联阻塞二极管(blocking diode)防止反向电流。在离网应用中，需要蓄电池储备电能。在并网发电时，用逆变器(inverter)把直流电转换成可以上网的交流电。

2.2　伏安特性曲线

太阳能电池的基本结构是 p-n 结，在没有光照时，太阳能电池的电性能类同于半导体二极管(semiconductor diode)。暗电流(dark current，I_{dark})和反向饱和电流(reverse saturation current，I_0)是半导体二极管的两个基本参数。如果在 p-n 结上加正向偏压，会削弱内建电场，电子从 n 型半导体扩散到 p 型半导体，I_{dark} 由 p 型半导体指向 n 型半导体。如果在 p-n 结上加反向偏压，增强了内建电场，电子从 p 型半导体漂移到 n 型半导体，I_0 由 n 型半导体指向 p 型半导体。由于 p 型半导体是受主材料，电子是少数载流子，所以反向偏压没有达到击穿电压前，I_0 比 I_{dark} 小得多，一般只有 I_{dark} 的 10^{-10}，p-n 结有二极管单向导通的特点。描述 I_0、I_{dark}、和二极管偏压 V 的肖克莱方程(Shockley diode equation)为：

$$I_{dark}(V) = I_0\left[\exp\left(\frac{qV}{k_B T}\right) - 1\right] \tag{2.6}$$

式中：$q = 1.6\times10^{-19}$C，是电子的电量；$k_B = 1.38\times10^{-23}$J/K，是玻尔兹曼常数；T 是热力学温度，300K=27℃。

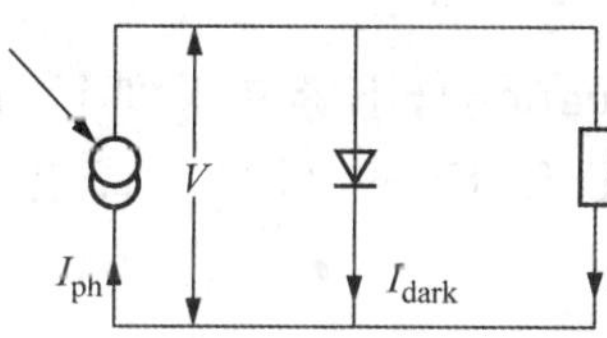

图 2.10　不考虑串并联电阻的太阳能电池等效电路

当太阳光照射到电池表面，在 n 型半导体和 p 型半导体中，大量电子从价带跃迁到导带，产生光生电流(photocurrent，I_{ph})。光生电流 I_{ph} 的强度和入射光强度成正比，相当于在 p-n 结上加正向偏压，使得 p-n 结产生了暗电流 I_{dark}，方向和光生电流 I_{ph} 相反。这样的电路关系等效于一个电流源和一个半导体二极管并联，二极管为负载加了电压，如图 2.10 所示。

$$I(V) = I_{ph} - I_{dark}(V) = I_{ph} - I_0\left[\exp\left(\frac{qV}{k_B T}\right) - 1\right] \tag{2.7}$$

当 $V = 0$ 时，由式(2.7)得到关系：

$$I_{SC} = I_{ph} \tag{2.8}$$

用电流表直接连接电池两端测得的短路电流 I_{SC} 就是光生电流 I_{ph}。由于短路电流 I_{SC} 和光生电流 I_{ph} 有直接的关系，所以会受到光强变化的影响。而温度对短路电流 I_{SC} 影响不大，对开路电压 V_{OC} 影响较大。

当 $I = 0$ 时，光生电流 I_{ph} 和暗电流 I_{dark} 相互抵消，由式(2.7)得到开路电压 V_{OC}。

$$V_{OC} = \frac{k_B T}{q}\ln\left(\frac{I_{ph}}{I_0} + 1\right) \tag{2.9}$$

由于开路电压 V_{OC} 和光生电流 I_{ph} 是对数关系，所以当光生电流 I_{ph} 随着光强的变化，对短

路电流 I_{SC} 带来较大变化时，开路电压 V_{OC} 变化不大。

将式(2.9)变换一下形式，得到反向饱和电流 I_0 。

$$I_0 = \frac{I_{ph}}{\exp\left(\frac{qV_{OC}}{k_B T}\right) - 1} \tag{2.10}$$

把式(2.8)和式(2.10)代入式(2.7)，将参数 I_{ph} 和 I_0 替换成容易测量的太阳能电池参数 I_{SC} 和 V_{OC} ，得到伏安特性：

$$I(V) = I_{SC}\left[1 - \frac{\exp\left(\frac{qV}{k_B T}\right) - 1}{\exp\left(\frac{qV_{OC}}{k_B T}\right) - 1}\right] \tag{2.11}$$

得到了伏安特性式(2.11)后，我们再来求解最佳工作点。功率和电压的关系为：

$$P(V) = V \cdot I(V) = V \cdot I_{SC}\left(1 - \frac{\exp\left(\frac{qV}{k_B T}\right) - 1}{\exp\left(\frac{qV_{OC}}{k_B T}\right) - 1}\right) \tag{2.12}$$

要得到 $P(V)$ 的最大值，由式(2.12)对 V 求导。

$$\frac{\mathrm{d}P(V)}{\mathrm{d}V} - I_{SC}\frac{\exp\left(\frac{qV_{OC}}{k_B T}\right) - \exp\left(\frac{qV}{k_B T}\right)\cdot\left(\frac{qV}{k_B T} + 1\right)}{\exp\left(\frac{qV_{OC}}{k_B T}\right) - 1} = 0 \tag{2.13}$$

由式(2.13)得到关于最佳工作电压 V_m 的方程：

$$V_m + \frac{k_B T}{q}\ln\left(\frac{qV_m}{k_B T} + 1\right) = V_{OC} \tag{2.14}$$

式(2.14)是含有对数函数的一元超越方程(transcendental equation)，不容易得到 V_m 的解析解，但是数值解可以通过 MathCAD、Matlab 甚至 Microsoft Excel 得到。译者用 MathCAD 软件，得到了 V_m 、I_m 、P_m 、FF 和 η ，如图 2.11 所示。

用 MathCAD 得到了伏安特性曲线，如图 2.12 所示。

光生电流和暗电流的比较，也可以从 MathCAD 得到，如图 2.13 所示。

所以，只要知道短路电流 I_{SC} 和开路电压 V_{OC} ，就可以得到所有伏安特性的参数和曲线。以上 MathCAD 模拟的假设是 I_{SC} =5.300A 和 V_{OC} =0.623V。表 2.1 是把模拟结果和产品参数做了比较，其中，差别=(模拟结果－产品参数)/模拟结果×100%。最佳工作电流 I_m 的差别 2.67%加上最佳工作电压 V_m 的差别 2.76%，为 5.43%，与最大功率 P_m 的差别 5.35%或填充因子 FF 的差别 5.36%相近，较合理。转化效率是唯一与电池面积有关的量，转化效率的模拟结果偏小，是因为计算电池面积是按照 125mm×125mm 的正方形，没有减除电池片的四个圆角及栅线的面积。

表 2.1　模拟结果和产品参数的比较

	Isc/A	Voc/V	Im/A	Vm/V	Pm/Wp	FF/%	η/%
模拟结果	5.300	0.623	5.059	0.543	2.747	83.20	17.58
产品参数	5.300	0.623	4.924	0.528	2.600	78.74	17.50
差别/%	0	0	2.67	2.76	5.35	5.36	4.55

How to use Isc and Voc to express everything of I-V character?

Asumming $k_B := 1.38\cdot 10^{-23}\frac{J}{K}$ Temp := 300K $q := 1.6\,10^{-19}C$

$I_{SC} := 5.3A$ $V_{OC} := 0.623V$ size := 125mm

Dark current

$$I_{dark}(Voltage) := I_{SC}\cdot\frac{\exp\left(\frac{q\cdot Voltage}{k_B\cdot Temp}\right)-1}{\exp\left(\frac{q\cdot V_{OC}}{k_B\cdot Temp}\right)-1}$$

Relation between I and V

$$I(Voltage) := I_{SC}\cdot\left(1-\frac{\exp\left(\frac{q\cdot Voltage}{k_B\cdot Temp}\right)-1}{\exp\left(\frac{q\cdot V_{OC}}{k_B\cdot Temp}\right)-1}\right)$$

Relation between P and V

$$P(Voltage) := I(Voltage)\cdot Voltage$$

To get Vm

$$Equation(V_m) := V_m + \frac{k_B\cdot Temp}{q}\cdot\ln\left(\frac{q\cdot V_m}{k_B\cdot Temp}+1\right) - V_{OC}$$

$$V_m := root(Equation(V_m), V_m, 0, V_{OC})$$

$$V_m = 0.543\,V$$

To get Im and Pm

$I_m := I(V_m)$ $I_m = 5.059\,A$

$P_m := P(V_m)$ $P_m = 2.747\,W$

To get FF and η

$FF := \frac{P_m}{I_{SC}\cdot V_{OC}}$ $FF = 83.2\cdot\%$

$\eta := \frac{P_m}{size\cdot size\cdot 1000\frac{W}{m^2}}$ $\eta = 17.582\cdot\%$

图 2.11 从短路电流和开路电压得到各参数

(数据来源:MathCAD 软件)

造成模拟结果和产品参数差异的主要原因是串联电阻(series resistance，R_S)和并联电阻(parallel resistance，shunt resistance，R_{sh})。引线、前面和背面的金属电极接触、基区和顶层的电阻以及材料的电阻，会引起串联电阻 R_S 。晶体硅太阳能电池容易出现漏电，如电池边沿

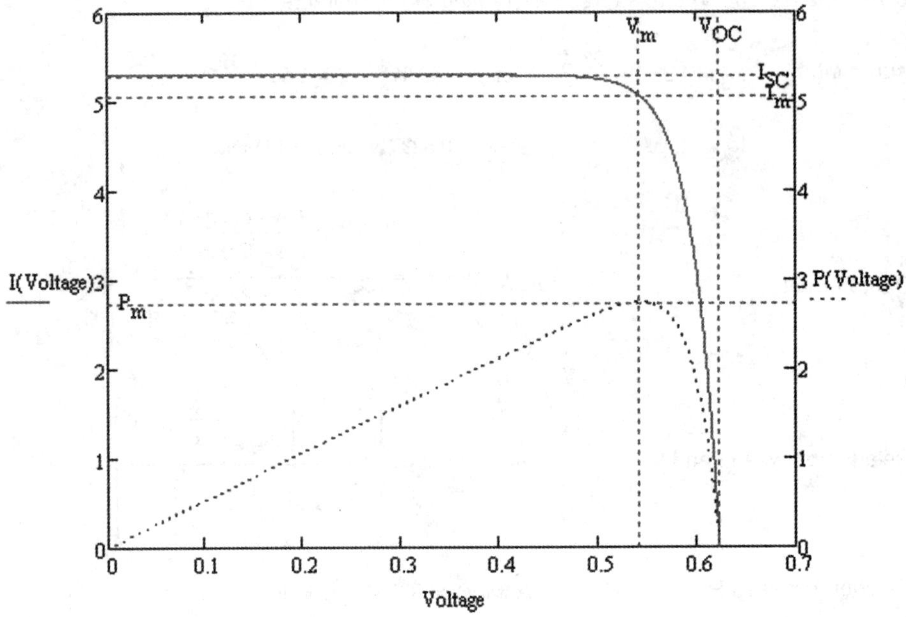

图 2.12　伏安特性曲线

（数据来源：MathCAD 软件）

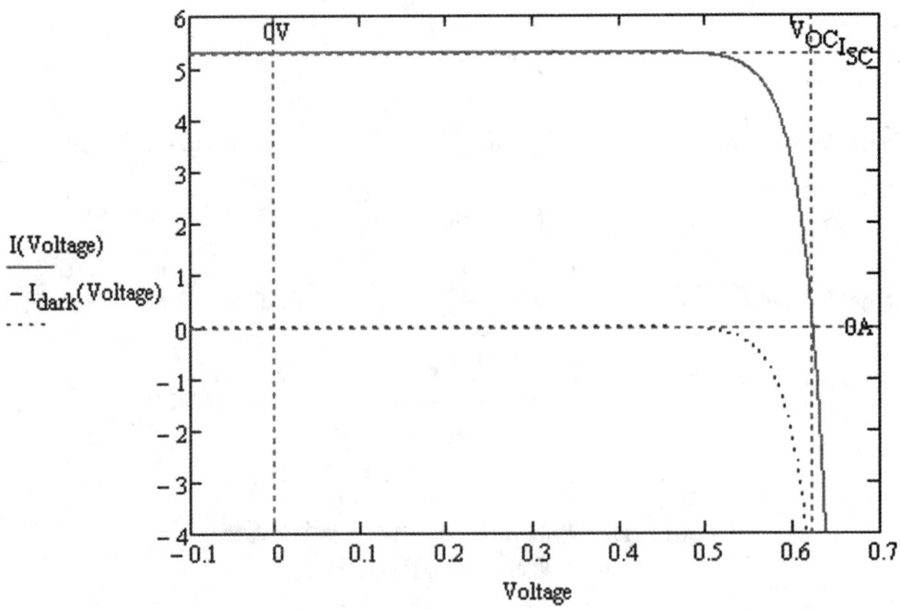

图 2.13　光生电流和暗电流比较

（数据来源：MathCAD 软件）

的漏电或制作金属化电极时电池的微裂纹、划痕等处形成的金属电桥漏电，漏电会使一部分本应通过负载的电流短路，用并联电阻 R_{sh} 来等效这种漏电短路。在图 2.10 的理想模型基础上，考虑串并联电阻对电池的影响，得到等效电路，如图 2.14 所示。

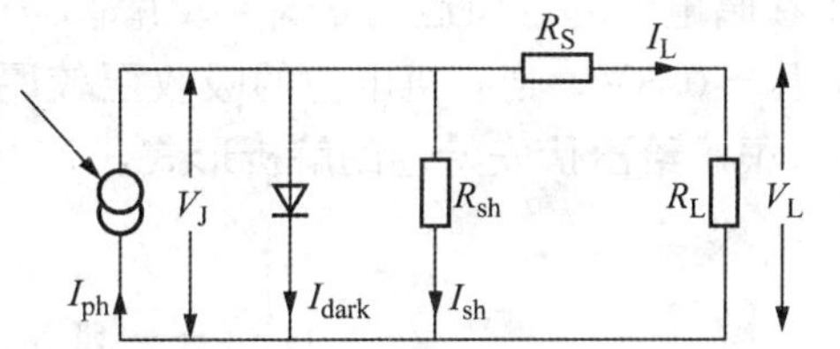

图 2.14　考虑串并联电阻的太阳能电池等效电路

从图 2.14，我们得到：

$$I_{sh} = \frac{V_J}{R_{sh}} \tag{2.15}$$

$$I_L = I_{ph} - I_{dark} - I_{sh} \tag{2.16}$$

$$V_J = V_L + I_L R_S \tag{2.17}$$

把式(2.6)和式(2.15)代入式(2.16)，得：

$$I_L = I_{ph} - I_0\left[\exp\left(\frac{qV_J}{k_B T}\right) - 1\right] - \frac{V_J}{R_{sh}} \tag{2.18}$$

把式(2.17)代入式(2.18)，得

$$I_L(V_L) = I_{ph} - I_0\left[\exp\left(\frac{q(V_L + I_L(V_L)R_S)}{k_B T}\right) - 1\right] - \frac{V_L + I_L(V_L)R_S}{R_{sh}} \tag{2.19}$$

考虑了串联电阻 R_S 和并联的漏电电阻 R_{sh} 后，光伏效应的光生电流 I_{ph} 在负载上产生的伏安特性，体现在负载电流 I_L 和负载电压 V_L 的关系上，如式(2.19)所示。这是一个 $I_L(V_L)$ 和 V_L 的隐函数，不容易表达成式(2.11)的显函数形式。

在实验或生产中，要尽量减小串联电阻 R_S 并提高并联电阻 R_{sh}，从而提高填充因子 FF 和转换效率 η，如图 2.15 所示。

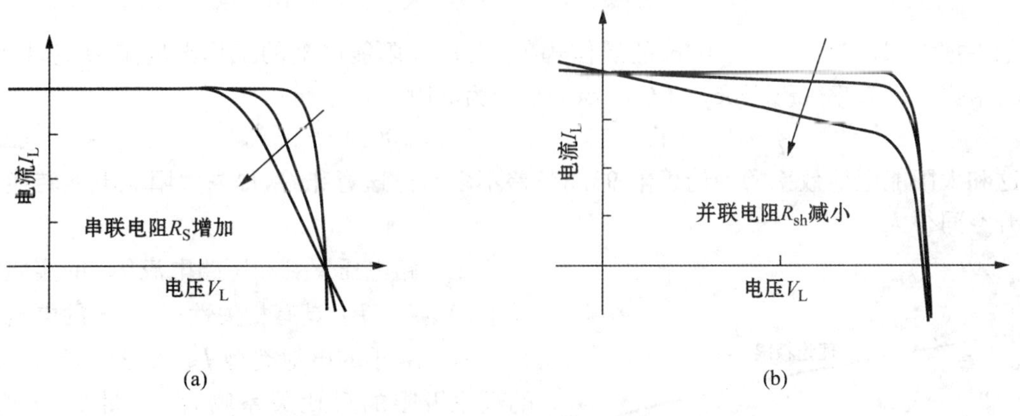

图 2.15　串联电阻 R_S 和并联电阻 R_{sh} 的影响

(a) 串联电阻 R_S 对电压 V_L 的影响；(b) 并联电阻 R_{sh} 对电流 I_L 的影响

(图片来源：参考文献[1])

以上定量分析可以较好地描述晶体硅电池和非晶硅电池，但是对将在第 4 章介绍的有机电池不完全适用。在有机电池中，并联电阻 R_{sh} 会随电压和光照强度变化，串联电阻 R_S 也会随电压变化。有机电池的伏安特性曲线中，光生电流曲线和暗电流曲线在 0.7V 处相交，违背了肖克莱方程，如图 2.16 所示。电压为 0.7V 时，光生电场大于内建电场，激子被分离后，载流子在暗电流的方向运动，$I_{ph} = 2I_{dark}$ ，$I(V) = I_{dark}$ 。而且，最大电流点不是短路电流，而在负偏压−0.8V。当有机电池的吸收层较厚，内建电场较弱时，这一现象特别明显。对于有机电池，很难给出伏安特性的解析形式，CIS 电池也有类似的问题。

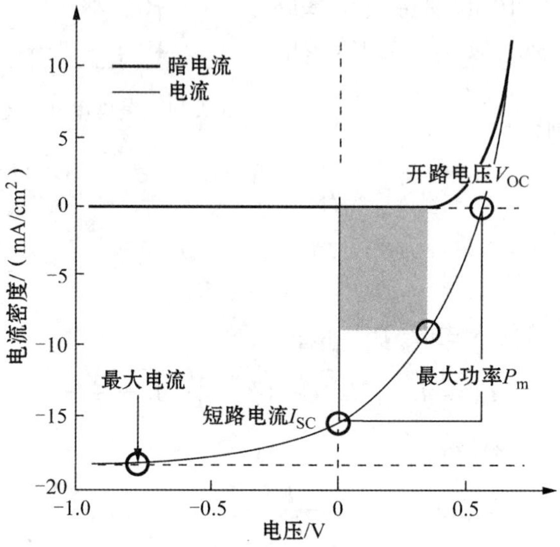

图 2.16 有机电池的伏安特性曲线

（数据来源：Dr. Carsten Deibel，http://blog.disorderedmatter.eu）

2.3 转换效率的极限

如果把太阳作为 $T_1 = 6\,000K$ 的黑体辐射，而把太阳能电池的工作温度定为室温 $T_2 = 300K$ ，卡诺循环效率(efficiency of Carnot cycle)为 95%[4]。

$$\eta = 1 - (T_2/T_1) = 1 - (300/6\,000) = 95\% \tag{2.20}$$

这和太阳能电池效率的理论极限 93.3%差不多[5]。这意味着，提高太阳能电池转换效率的上升空间很大[6]。

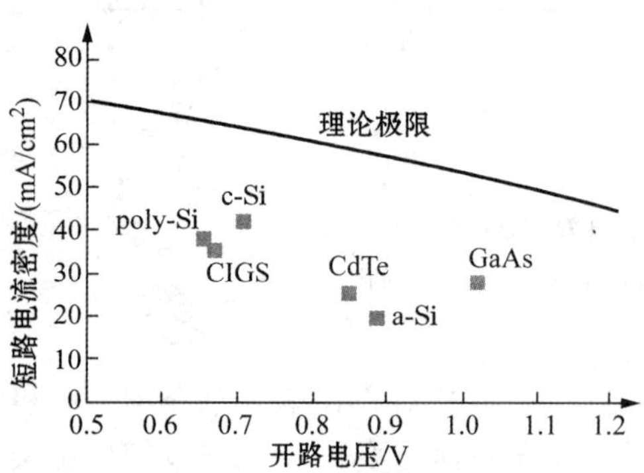

图 2.17 J_{SC} 和 V_{OC} 成反比关系

（数据来源：参考文献[1]）

在开路电压 V_{OC} 和短路电流 J_{SC} 的实验室记录中，V_{OC} 和 J_{SC} 具有相关性，V_{OC} 大的电池类型 J_{SC} 小，V_{OC} 小的电池类型 J_{SC} 大，这和 V_{OC} 及 J_{SC} 的理论极限的反比关系吻合，如图 2.17 所示。这是因为带隙宽的半导体材料，p-n 结内建电场大，V_{OC} 大，而电子从价带向导带跃迁更难，J_{SC} 小。

各种太阳能电池中，实验室转换效率记录最高的是砷化镓（gallinm arsenide，GaAs）的 25.1%，薄膜电池转换效率的记录依次是 CIGS 的 18.4%、CdTe 的 16.4%、非晶硅的 12.7%，如

表 2.2 所示。1999 年，澳大利亚新南威尔士大学（University of New South Wales），赵建华（Jianhua Zhao）博士用一块 $4cm^2$ 的钝化发射极、背面局部扩散（passivated emitter, rear locally diffused, PERL）电池上，实现了 24.7%的单晶硅电池纪录并一直保持至今。与之接近的有德国弗劳恩霍夫太阳能系统研究所（Fraunhofer Institute for Solar Energy Systems, Fraunhofer ISE）和美国斯坦福大学，他们的光电转换效率分别为 23.3%和 22.7%。

表 2.2 各种电池的实验室记录

电池类型	面积/cm^2	开路电压 V_{OC} /V	短路电流密度 J_{SC} /(mA/cm^2)	填充因子 *FF* /%	转换效率 η /%
单晶硅	4.0	0.706	42.2	82.8	24.7
GaAs	3.9	1.022	28.2	87.1	25.1
多晶硅	1.1	0.654	38.1	79.5	19.8
非晶硅	1.0	0.887	19.4	74.1	12.7
CIGS	1.0	0.669	35.7	77.0	18.4
CdTe	1.1	0.848	25.9	74.5	16.4

（数据来源：Green et al.，2001）

以非晶硅、CIS、CdTe、CdS 等材料为代表的薄膜电池是近年来产业发展的重点[7]。如图 2.18 所示，是各种薄膜电池转换效率的理论极限，分三种情况：一般地面应用（*AM*1.5，*C*=1）、空间应用（*AM*0，*C*=1）和聚光太阳能应用（*AM*1.5，*C*=1 000）。

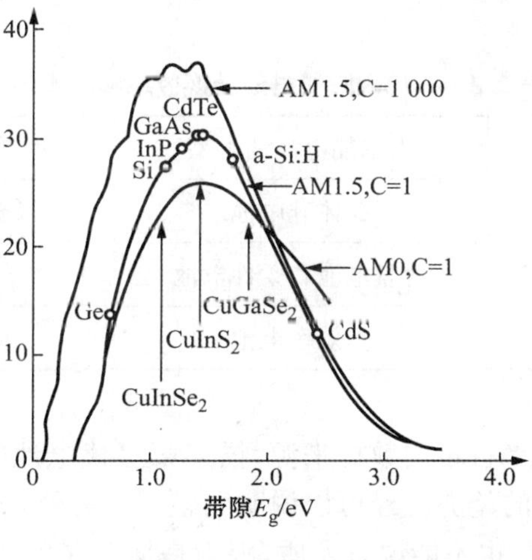

图 2.18 各种薄膜材料的理论转换效率和带隙的关系

（数据来源：参考文献[6]）

Shockley 和 Queisser 在 1961 年发表了一个重要的理论计算，提出 1.3eV 单一带隙电池的转换效率极限为 31%，而 1.1eV 单一带隙电池，在 46 200 倍太阳光的聚光条件下，转换效率的极限为 40.8%[8]。Shockley-Queisser 极限（Shockley-Queisser limit）的理论模型是，从太阳能电池进入外部电路的电子数，等于单一带隙吸收的光子数减去发射的光子数。用普朗克方程（Plank equation）描述吸收光谱，用修正的普朗克方程描述发射光谱。修正的普朗克方程含有偏压的指数修正项，也可以描述 LED，这里就不赘述理论推导过程了。

硅和 GaAs 的带隙分别为 1.12eV 和 1.45eV，理论转换效率极限都在 29%左右，而实验转换效率的纪录分别是 24.7%和 25.1%，接近理论极限。

20 世纪 80 年代，人们开始把航天应用的太阳能电池推广到地面应用，并普遍认为，第二代薄膜电池将最终取代第一代晶体硅电池，而且薄膜电池吸收层材料的选择拓展到硅以外的材料。第三代太阳能电池突破了单一带隙的概念，转换效率超越 Shockley-Queisser 极限，达到单一带隙电池转换效率 15%～20%的 2～3 倍。这是通过三种方式实现的：

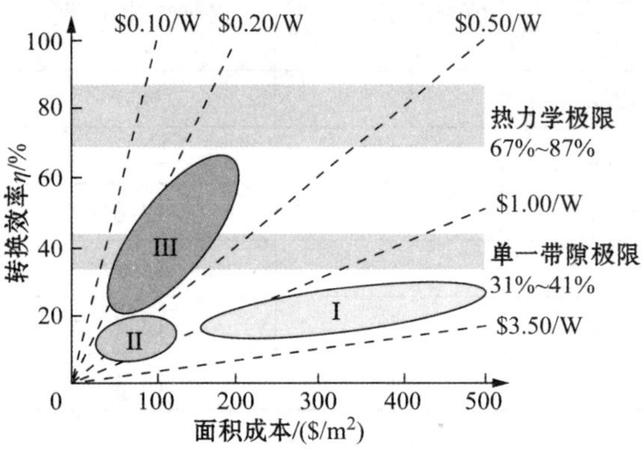

图 2.19　三代太阳能电池的发展趋势

(数据来源：参考文献[3])

(1) 增加能级数；

(2) 一个高量能光子激发多对载流子；

(3) 减小非辐射复合，降低发热损耗。

第一代晶体硅电池，生产成本较高，转换效率中等，为 15%～20%。第二代薄膜电池，生产成本降低了，但转换效率也降低了，仅为 5%～10%。第三代高效率电池，转换效率有大幅提高，生产成本也比晶体硅电池低很多，如图 2.19 所示。其中，面积成本($/m²)＝功率成本($/Wp)×转换效率 η ×1000W/m²。

在太阳能电池的产业化过程中，人们发现制约成本的主要因素是第一代晶体硅电池的硅片和第二代非晶硅薄膜电池中的导电玻璃。三代太阳能电池的发展表现在成本和转换效率的改善，见表 2.3。

表 2.3　三代太阳能电池转换效率和成本的变化

太阳能电池的发展	太阳能电池的类型	转换效率/%	功率成本/(€/Wp)
第一代	晶体硅电池	15～18	1
第二代	薄膜电池和柔性电池	7～10	0.5
第三代	高效率电池	80	0.2

(数据来源：参考文献[2])

图 2.19 和表 2.3 来自不同数据来源，描述第三代电池的情况并不是完全吻合，但这是在预见未来，得到了相同的趋势已经可以说明问题了。另外，这里三代太阳能电池的提法和 1.4 节中三次技术革新浪潮，也不能说有矛盾，因为是从不同角度描述技术发展趋势。

2.4　叠层太阳能电池

为了提高转换效率，我们需要有效利用整个太阳光谱。由式(2.2)，希望量子效率谱QE(E)尽量匹配代表太阳光谱的光子通量密度 $b_s(E)$。叠层太阳能电池(tandem solar cell)，也称为多结太阳能电池(multijunction solar cell)，是一种效率较高的太阳能电池结构，把太阳光谱分成几个波段，每一层电池分别吸收不同波段的入射光，不但能够利用太阳能光谱中 350～

800nm 的可见光波段，还可以吸收 1 000nm 以上的红外波段，最大限度地提高了转换效率，其原理类似于整流天线(rectenna，rectifying antenna)[3]。这种叠层电池的结构最先是由 E. D. Jackson 在 1955 年提出的。叠层电池的数个 p-n 结，带隙各不相同，如图 2.20 所示。蓝紫光这样高能量的光子经过第一个 p-n 结，产生了载流子后，会有一部分载流子复合，发射红光或红外光这样的低能量光子。为了充分利用这些低能量的光子，叠层电池的结构中，较大带隙的 p-n 结制备在顶端，先吸收太阳光，较小带隙的 p-n 结制备在底端。通过增加不同带隙的 p-n 结，转换效率有明显提高，但是新的复合结构使制备工艺更加复杂。

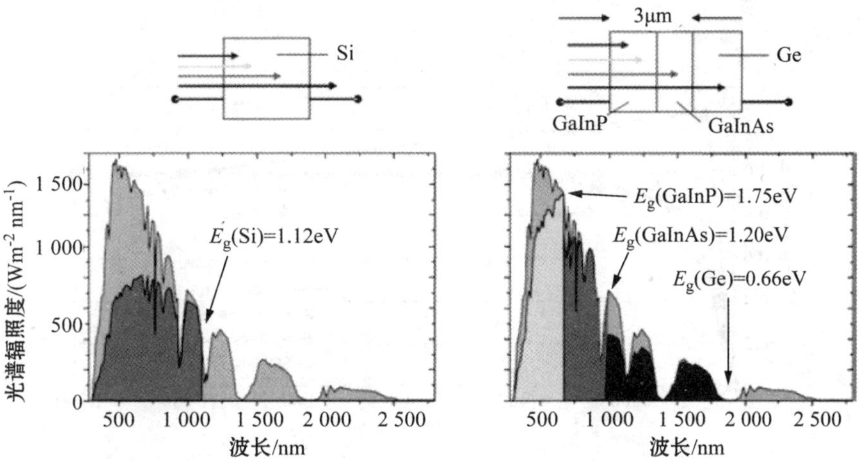

图 2.20 吸收太阳光谱的比较

(a) 单一带隙的单层结构；(b) 叠层结构

叠层电池转换效率取决于叠层个数，见表 2.4。转换效率的理论极限随着叠层数的增加而增加，但新增加叠层的转换效率比先前叠层的低。其中，普通的三结太阳能电池的转换效率可以达到 48.6%，三结聚光太阳能电池(concentrating photovoltaics, CPV)可以达到 63.2%。

表 2.4 叠层太阳能电池的转换效率理论极限

叠层数	1	2	3	4	∞
普通太阳能电池转换效率的理论极限/%	31.0	42.5	48.6	52.5	68.2
聚光太阳能电池转换效率的理论极限/%	40.8	55.5	63.2	67.9	86.8

(数据来源：参考文献[3])

为了提高叠层电池的整体转换效率，要对 p-n 结优化，使每一个 p-n 结与对应的太阳光谱波段符合，并且整体效果最佳。这需要选择合适的 p-n 结带隙，制备合理的的 p、i、n 层厚度和掺杂浓度。也可以通过调节 p-n 结的参数，优化叠层电池的伏安特性曲线。

清晨、正午和黄昏的太阳光谱是不同的。在清晨和黄昏，太阳光要透过更厚的大气层到达地面，光谱中红外光会增多。由于叠层电池数个 p-n 结的相应光谱不一样，所以可以较好地适应太阳能光谱的变化。叠层电池的叠层数越大，电池对太阳光谱变化的适应性越强。

转换效率最高的叠层电池基于Ⅲ-V 族单晶材料。其制备技术是非常昂贵的外延法，如金属有机气相外延法(metal organic vapor phase epitaxy)，适用领域以空间应用为主。

为了降低成本，人们希望有新的技术，使原材料更便宜、设备造价更低、工艺能耗更少，非晶硅满足这些条件，无毒安全，原材料供应充足，但是非晶硅缺陷密度较高，转换效率较低。转换效率 8% 的叠层非晶硅电池，运用等离子体增强化学气相沉积(plasma enhanced chemical vapor deposition, PECVD)技术，沉积 3 层 p-i-n 结构，每一层有不同的光谱响应。叠层非晶硅电池 8% 的转换效率，是在标准测试条件 STC 下测得的，但是它的弱光性较好，如图 2.21 所示。在室外真实环境下进行的测试中，叠层非晶硅电池在 40～100W/m^2 的低光照条件下，性能明显优于晶体硅电池[9]。而且叠层非晶硅电池在极端环境温度下的性能也更出色。在寒冷的环境下，散射光较多，入射光强度较小，非晶硅电池的输出功率比晶体硅多 20%。在炎热的环境下，晶体硅输出功率会明显下降，而非晶硅电池的性能并不会受高温有太大影响。

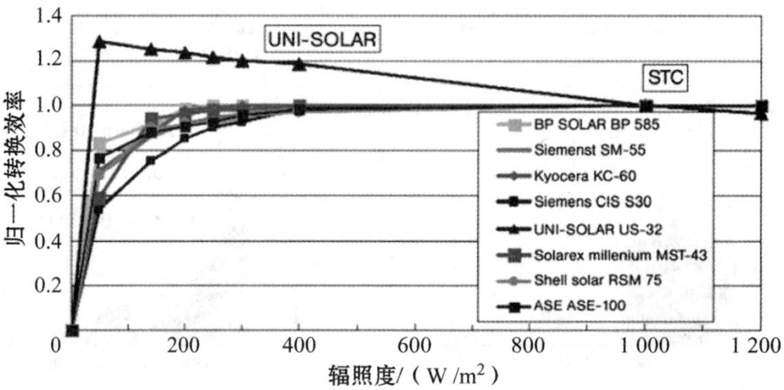

图 2.21 叠层非晶硅电池的弱光性较好
(数据来源：United Solar Ovonic)

2.5 太阳能电池的应用

太阳能电池首先应用于 20 世纪发展起来的航天产业。1958 年 3 月发射的美国先锋 1 号(Vanguard 1)卫星上首次安装了太阳能电池。先锋 1 号使用了两套电源系统，化学电池和晶体硅太阳能电池。发射一周，化学电池失效后，晶体硅太阳能电池继续为卫星和地面的通信提供电力。1958 年 5 月苏联发射的第 3 颗人造卫星，也安装了太阳能电池。1969 年，美国航天员登陆月球，把太阳能电池的应用推向了一个新的高潮。此后，几乎所有的人造航天器都装有太阳能电池。在美国和前苏联两个超级大国的空间竞赛中，航天产业得到了发展，也推动了太阳能产业化的发展。

另外，以同步卫星为代表的长途通信，也离不开太阳能电池的有效应用。可以说，太阳能电池为 20 世纪科技进步发挥了重要的作用。

20 世纪 70 年代初，在美国埃克森石油公司(Exxon Corporation)的资助下，Elliot Berman 用纯度较低的晶体硅和便宜的封装材料，开发出了低成本的太阳能电池，使电池的价格从 $100/Wp 下降到 $20/Wp，把太阳能电池推向了市场。太阳能电池获得的细分市场(niche market)，主要是缺乏电力的场所，如航海用电、缺乏电力的偏远山村或荒郊野外的通信基站[10]。在这些应用场合，传统能源不合适使用，即使使用了传统能源，成本也太高。

和传统能源相比，太阳能发电有优势，也有劣势，见表 2.5。

表 2.5 太阳能电池发电的优势和劣势

优 势	劣 势
能量来源无限大，且免费	能量来源不集中
没有温室气体排放	能量存储需要一定的费用
没有噪声	安装成本高
使用安全	和传统能源比较，总体成本高
可以和建筑结合	

如今，随着太阳能电池的产业化，经济性和实用性更强了。近海石油钻井平台需要警示灯和广播，来提示过往船只，避免船只和钻井平台相撞。美国夏威夷的海湾警卫队为装有太阳能电池的浮筒粉刷油漆，如图 2.22 所示。此外，支持电话和电视的微波或高频通信中继器系统很多位于荒郊野外，通常使用太阳能电池提供电力。

图 2.22 檀香山附近的海上浮筒安装有太阳能电池
（图片来源：Sarah Foster-Snell）

传统蓄电池笨重且寿命短，而太阳能电池轻盈且耐用。很多出产石油和天然气的油田远离电网，需要少量的电力来防止钻头和管道的腐蚀。这种石油行业的独特应用曾经给新兴的太阳能电池产业不少在陆地应用的机会，确保了这个产业的继续发展。

偏远农村、通信基站或海岛的电力供应中，独立光伏系统（stand-alone photovoltaic system）占了太阳能产业的很大一部分。太阳能发电系统往往包括蓄电池，保证夜晚和阴雨天的正常供电。到了晴天，太阳能电池重新为蓄电池充电。

在 20 世纪 70 年代，法国巴黎的在读研究生 Dominique Campana 突发奇想，提出了太阳能抽水机（solar water pump）概念。太阳能抽水机是不需要蓄电池的独立光伏系统，白天太阳能电池用发的直流电，通过直流电机把水抽到高位，夜晚需要用电时，高位的水流到低位，带动发电机发电。法国物理学家 Jean Roger 用这一构想开发出样机，在科西嘉岛上试用。从 20 世纪 70 年代末，法国的 Bernard Verspieren 神父把科西嘉岛上试验成功的太阳能抽水机，推广到很多发展中国家。目前非洲的撒哈拉沙漠地区也有很多太阳能抽水机在使用。独立光伏系统中蓄电池有一定的成本，而且三五年就要更换或者添加液体。太阳能抽水机可以不用蓄电池，转而使用清洁、简单、价廉的蓄水系统，为不少发展中国家偏远地区带来了电力。

在很多发展中国家，包括太阳能抽水机在内的独立光伏系统，在过去几十年有很好的发展。在亚洲、非洲和拉丁美洲广大地区，数以万计的家庭用上了太阳能电池，实现了农村电气化(rural electrification)。最近，联合国帮助印度南部的卡纳塔克邦(Karnataka)16 600 居民安装了太阳能发电系统，得到了廉价的生活用电，如图 2.23 所示。联合国这个耗资 150 万的项目，还包括中国、印度尼西亚、埃及、墨西哥、突尼斯、加纳、摩洛哥和阿尔及利亚等发展中国家[11]。

图 2.23　印度卡纳塔克邦路边小店安装了联合国资助的太阳能电池系统
(图片来源：UNEP/Riso)

据不完全统计，截至 2007 年，全世界有超过 250 万户欠发达地区的家庭安装上了太阳能系统，实现了农村电气化[12]。其中，亚洲国家发展最快，如中国、印度、孟加拉国、尼泊尔、斯里兰卡和泰国等国。这些偏远地区居民建造太阳能系统的费用，主要依靠小额信贷(microcredit)和政府及国际组织的补贴。中国是世界上最大的发展中国家，拥有超过 40 万个偏远农村的家庭太阳能系统。孟加拉国有超过 15 万个这样的系统，并以每月 7 000 个的速度发展。在印度，太阳能发电系统，也被广泛地应用在乡办学校、乡村医院、社区公共建筑，印度全国的太阳能路灯安装量也达到了 5.5 万盏，如图 2.24 所示。

一些拉丁美洲国家也在计划大规模推广家用太阳能系统，政府补贴和系统租用将为偏远地区的居民带来可以负担的电力供应。

非洲的农村电气化水平非常低，人均收入也不高，所以家用太阳能系统的发展没有亚洲和拉美国家快，整个非洲只有 50 万个系统，而且仅局限于几个相对富裕的国家。肯尼亚有 20 万个系统，且市场持续增长。肯尼亚使用的小型组件，集中应用在城市周边地区。南非有 15 万

图 2.24　2006 年，印度最富裕的地区马哈拉施特拉邦(Maharashtra)安装了一批太阳能 LED 路灯

(图片来源：Grameen Surya Bijlee Foundation)

个系统，其他非洲国家的安装数量有限。乌干达制定了一个 10 年的太阳能发展计划，以提高家庭、学校、医院和小型工厂的电气化水平。马里、塞内加尔和坦桑尼亚也试图提供一定的政府补贴，促进农村电气化。摩洛哥也制定了相应的太阳能项目，通过国有太阳能电站和系统租用的方式，建成了 3.7 万个系统，使数千个村庄通了电。摩洛哥再新建 8 万个系统的项目已经上马，并设定了 2010 年拥有 15 万个太阳能系统的农村电气化目标。

太阳能系统相比煤油灯及农村电气化的其他方式，如车用蓄电池和发电机，投资更小且更安全。这些亚非拉的农村人口，从此可以使用太阳能，获得高质量的照明和其他过去不可能使用到的家用电器，为他们的生活质量带来了一次质的飞跃。

印度旁遮普邦(Punjab)的太阳能灌溉也是一个农村电气化的典型例子。过去，旁遮普邦的农业主要靠补贴，但是推广了太阳能灌溉技术后，农业种植有了很大的改观。一家能源服务公司(energy service company，ESCO)提供整套的能源服务，在收取了一定的费用后，ESCO 为乡村安装了太阳能为动力的水泵，并培训了村民正确使用和保养太阳能水泵系统。结果，一年后村民们就收回了系统的费用，因为水泵灌溉的高附加值作物为村民带来了可观的经济效益[13]。

离网的独立光伏系统为不少发展中国家带来了社会的进步，而太阳能并网系统在发达国家发展迅速。近年来，随着日本、德国、西班牙等国对太阳能产业的扶持政策陆续出台，太阳能并网得到了很快的发展。

全球最大的太阳能市场德国是一个典型案例。2004 年 7 月 31 日，德国政府在波恩颁布了最新修订的《可再生能源法》(Renewable Energy Law，Erneuerbare-Energien-Gesetz，EEG)。这一年的德国太阳能上网电价是零售电价的 3 倍，是工业电价的 8 倍。

发展太阳能并网发电的国家里，民用太阳能应用是一种主要形式。居民在别墅屋顶安装了太阳能电池系统，发电上网，从而得到政府的补贴。在并网太阳能系统中，太阳能组件发出了直流电通过逆变器转换为交流电，再发送到电网，发送的电力通过电表记录，电力公司按照居民的发电补贴和用电费用的差值，结算出是收取还是返还电费，如图 2.25 所示。

截至目前，太阳能并网发电是世界上增长最快的可再生能源应用形式。近年来，并网发电

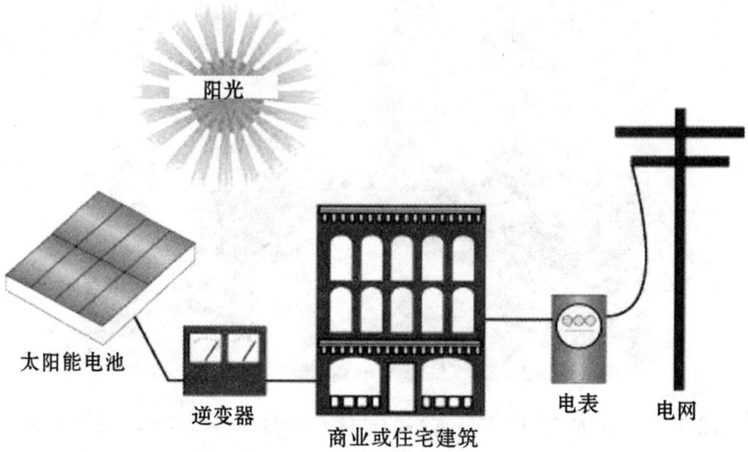

图 2.25 并网发电系统
(图片来源:Southface Energy Institute)

的累计装机容量超过离网发电,每年的增长率超过 50%,预计 2007 年底累计装机容量达到 7.8GW,如图 2.26 所示。

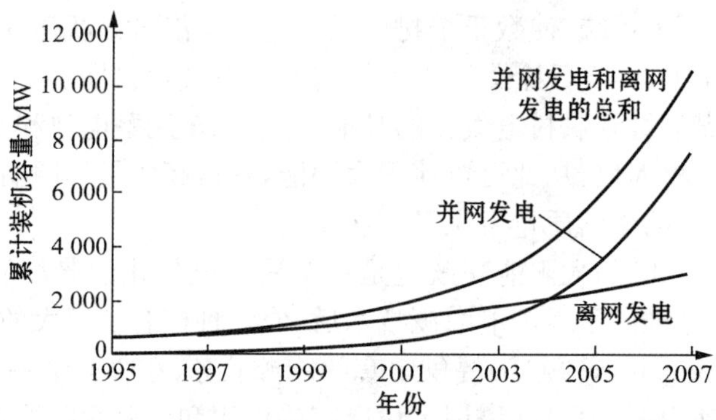

图 2.26 全球太阳能累计装机容量
(数据来源:Worldwatch Institute)

2006 年,德国太阳能系统装机容量为 850～1 000MW,占全球市场 50%。日本为 300MW,美国为 100MW,西班牙为 100MW。由于新的太阳能补贴政策出台,西班牙在 2007 年的装机容量为 400MW,为 2006 年的四倍,成为太阳能市场增长最快的国家。

还有一些发达国家也在发展并网发电市场。意大利、希腊和法国最近效仿德国和西班牙,出台了一系列的购电补贴政策,促进并网发电。2007 年,意大利的装机容量为 20MW,法国为 15MW,都比 2006 年翻了一倍。2006 年,加州占了美国市场的 70%,是美国的最大市场,新泽西州紧随其后。在亚洲,韩国的太阳能市场快速发展,装机容量紧随日本。

2.6 太阳能研究简史

1839 年,法国物理学家亚历山大-埃德蒙-贝克勒尔(Alexandre-Edmond Becquerel)首先发现了光伏效应，如图 2.27 所示。他观察到，在光照条件下，电解液中镀银的白金电极之间有光致电压[14]。贝克勒尔是一个物理学家世家，发现光伏效应的老贝克勒尔之子，安东尼-亨利-贝克勒尔（Antoine Henri Becquerel）因为发现放射性元素，和居里夫妇一起分享了 1903 年诺贝尔物理学奖。放射性活度的国际单位也以贝克勒尔姓氏命名。

图 2.27 发现了光伏效应的贝克勒尔
（图片来源：Wikipedia）

20 世纪 30 年代，人们把透明金属层沉积在 Se 表面，制备金属-半导体接触的肖特基势垒（Schottky barrier）结构，并发现光生电流的强度和入射光的强度成正比，可以开发成精确的摄影曝光表。1967 年，CdS 薄膜电池被制备在塑料表面。之后，人们通过计算发现了一系列转换效率更高的光伏材料，包括 GaAs、InAs 和 CdTe。在理论计算的基础上，人们也建立了多带隙的叠层电池理论。

1953 年，贝尔实验室（Bell Lab）研究人员 Daryl Chapin、Calvin Fuller 和 Gerald Pearson 报道了 4.5%转换效率的单晶硅太阳能电池，几个月后转换效率达到 6%，形成了现代太阳能电池的雏形，如图 2.28 所示。他们一开始的研究项目是怎样更有效地利用 Si。无意中，他们发现 Si 在光照下会产生电流，而且 Si 的导电性要比 Se 好，转换效率是 Se 的四倍。1957 年，贝尔实验室的这三位科学家获得了“太阳能转换器件”的专利。具有讽刺意味的是，晶体硅电池的发明人早在 1954 年，就预测薄膜电池将是太阳能技术的趋势。

图 2.28 从左往右的是晶体硅太阳能电池的发明人
Gerald Pearson，Daryl Chapin 和 Calvin Fuller
（图片来源：Californiasolarcenter.org）

在 20 世纪 70 年代，欧美科学家进一步开发了多晶硅、非晶硅、有机半导体和一系列制备太阳能电池的新型半导体材料，包括 CIS、CdTe、InP、Zn_3P_2、Cu_2Se、WSe_2、GaAs、ZnSiAs 等。1980 年，日本三洋电气公司（Sanyo Electric Co.）利用非晶硅电池率先制成手持式袖珍计算器。1985 年，澳大利亚新南威尔士大学马丁-格林（Martin Green）教授，用激光刻蚀取代丝网印刷，使单晶硅太阳能电池转换效率达到 20%，如图 2.29 所示。格林使用高功率激光在硅片上刻蚀出凹槽结构，再用 Cu 填入凹槽。这样，形成的 Cu 电极就埋入硅片，有效地增加了电池的受光面积。

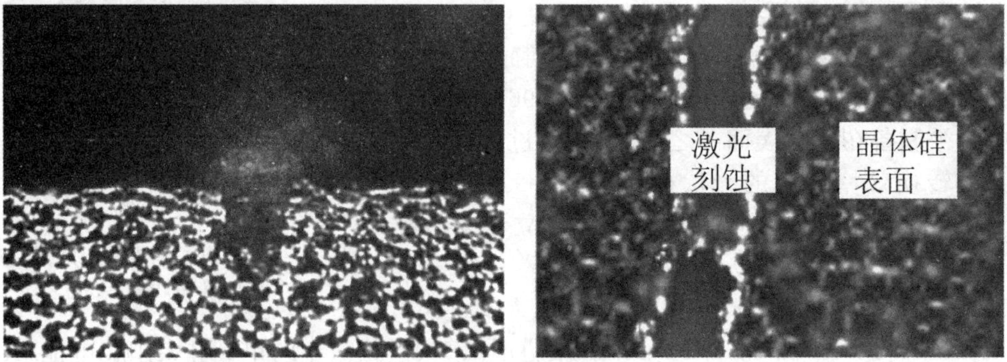

图 2.29　1985 年格林制备的单晶硅电池转换效率达到 20%
（图片来源：澳大利亚，新南威尔士大学）

图 2.30　三洋电机的 HIT 电池
（图片来源：sanyo. com）

1997 年，日本夏普公司率先把三结叠层非晶硅电池推向市场。2007 年，三洋电气研发出转换效率 22%的本征薄层异质结（heterojunction with intrinsic thin layer，HIT）太阳能电池，如图 2.30 所示。HIT 电池在晶体硅表面沉积非晶硅薄膜层，形成异质节，是晶体硅和非晶硅薄膜的“混血儿”。

最近，高功率的 GaAs 电池有进一步的发展。成熟的晶体生长技术使 GaAs 广泛地应用在卫星和空间站等航天领域。GaAs 量子阱太阳能电池也是第三代太阳能的研发热点（参见第 6 章）。

参 考 文 献

[1] Nelson, J. The Physics of Solar Cell [M]. London: Imperial College Press, 2003.

[2] School of Photovoltaic Engineering, University of New South Wales [EB/OL]. http://www.pv.unsw.edu.au.

[3] Conibeer, G. Third-generation photovoltaics [J]. Materials Today, 2007, 10: 42.

[4] Luque, A. and Hegedus, S., Eds. Handbook of Photovoltaic Science and Engineering [M]. New York: John Wiley & Sons, 2003.

[5] Landsberg, P. T. and Baruch, P. The thermodynamics of the conversion of radiation energy for photovoltaics [J]. Journal of Physics A-Mathematical and General, 1989, 22: 1911.

[6] Green, M. A. Third Generation Photovoltaics [M]. New York: Springer, 2005.

[7] Hepp, A. F., Bailey, S. G. and Raffaelle, R. P. Inorganic Photovoltaic Materials and Devices: Past, Present and Future [M] // Sun, S. S. and Sariciftici N. S., Eds. Organic Photovoltaics: Mechanisms, Materials and Devices. London: Taylor and Francis, 2005.

[8] Shockley, W. and Queisser, H. J. Detailed balance limit of efficiency of p-n junction solar cells [J]. Journal of Applied Physics, 1961, 32: 510.

[9] Uni-Solar. Technical Report [EB/OL]. United Solar Ovonic, LLC, October 2006. http://www.uni-solar.com/uploadedFiles/AA53606-02Technical%20Report120706small.pdf.

[10] Archer, M. D. and Hill, R. D., Eds. Clean Electricity from Photovoltaics [M]. London: Imperial College Press, 2001.

[11] Brahic, C. Affordable solar power brings light to India [EB/OL]. NewScientist. com, 29 April 2007. http://environment.newscientist.com/article/dn11740-affordable-solarpower-brings-light-to-india.html.

[12] REN21. Renewables 2007 Global Status Report [R]. Paris: REN21 Secretariat and Washington DC: Worldwatch Institute, 2008.

[13] Hegde, G. and Nayer, C. V. Marketing Photovoltaic Technologies in Developing Countries [M] // Graziani, M. and Fornasiero, P., Eds. Renewable Resources and Renewable Energy-A Global Challenge. Boca Raton, FL: CRC Press/Taylor & Francis Group, 2007.

[14] Perlin, J. From Space to Earth-The Story of Solar Electricity [M]. Ann Arbor, MI: aatec Publications, 1999.

3　无机柔性太阳能电池

3.1　概论

太阳能用户最关心的是，在真实的户外条件下电池的输出功率。德国和西班牙的用户，由于有较高的上网电价补贴(feed-in tariff)，实际的输出功率对他们来说，更是获得经济效益最重要的技术指标。

测试电池峰值功率 Wp 的标准测试条件 STC 是极端的实验室条件。温度 25±1℃，辐照度 P_S =1 000W/m^2，大气质量 AM1.5(参见 2.1 节)。

真正的户外条件下，电池峰值功率 Wp 很少能够达到。在太阳光照下，安装在建筑上的电池温度，通常在 40～60℃范围内。辐照度达到 P_S =1 000W/m^2 的时间，只有在正午，为全天时间的 1%。太阳光谱和直射光的大气质量 AM1.5 也有很大的不同。在中欧和北欧，50%以上的太阳光为散射光，即使是阳光充沛的西班牙马德里，也有 33%的太阳光为散射光。太阳光谱还随天气不停地变化。清晨、黄昏，或在多云的天气，太阳光更以散射光为主。

为了准确地衡量太阳能电池的输出功率，有必要在各种气候条件下测量电池的性能[1]。

柔性电池在真实环境条件下的性能，优于晶体硅电池。加上每瓦的成本决定电池的市场竞争优势，柔性电池一定会逐步获得更大的市场。

2007 年，晶体硅电池仍然占据了市场 94%的份额，柔性电池和薄膜电池占据了 6%。但是，据预测，它们在 2010 年将占有 20%的份额，而长期来说，会超过 30%[2]。

美国市场对薄膜电池和柔性电池有特别的偏好，如图 3.1 所示。由于美国本土有数家非常成功的薄膜电池和柔性电池企业，所以柔性电池在美国市场的份额发展迅猛，有望在 2007 年超过晶体硅。据预测，薄膜电池和柔性电池将在 2015 年获得＄72 亿的全球市场，市场占有率达到 35%的，而 2007 年只有＄10 亿[5]。运用卷对卷技术生产的柔性电池在 2015 年将占有

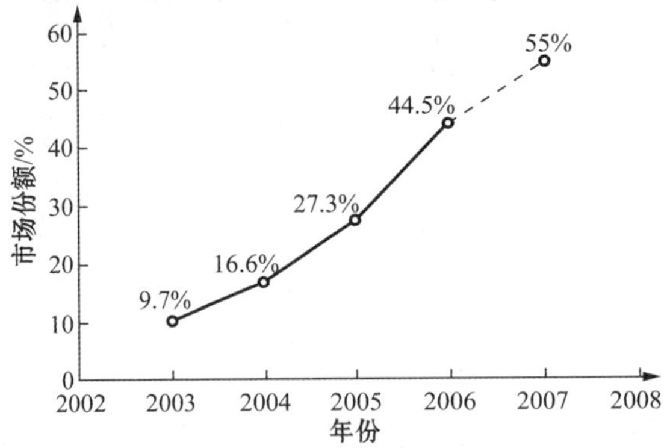

图 3.1　美国太阳能市场中，薄膜电池和柔性电池将成为主流
(数据来源：参考文献[3])

15%的全球市场份额，相当于$30亿，因为柔性电池的固定资产投资CAPEX降低了75%。

和传统的晶体硅电池技术相比，柔性电池和薄膜电池在生产上有着独特的优势：

(1) 消耗较少的原材料；

(2) 不存在多晶硅短缺(silicon feed-stock shortage)的问题；

(3) 自动化程度高；

(4) 不存在复杂的上下游关系。

柔性电池和薄膜电池的这些优势使电池成本大幅度降低。传统晶体硅电池的工艺十分复杂，有二十多步工序，主要分为硅锭(ingot)、硅片(wafer)、电池片、电路(circuit)和组件，如图3.2所示。

图3.2　晶体硅电池的工序

(数据来源：参考文献[4])

相比晶体硅的电池复杂的工序，柔性电池的工序步骤只有晶体硅的一半，如图3.3所示。

柔性电池和薄膜电池的结构以3层为主：含有背导电层和背反射层的衬底、含有p-n结的半导体吸收层和含有透明导电薄膜(transparent conducting oxide, TCO)的窗口导电层，如图

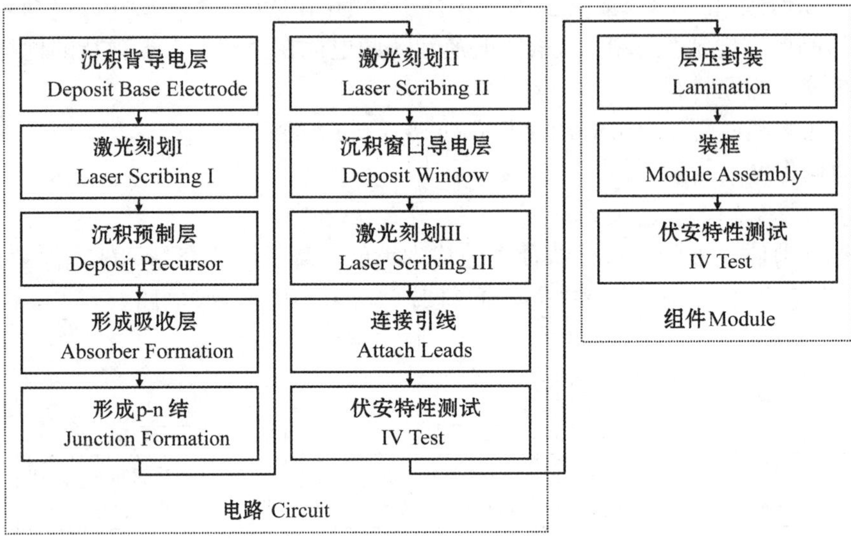

图 3.3　柔性电池和薄膜电池的工序

（数据来源：参考文献[4]）

3.4 所示。

推动柔性电池和薄膜电池技术产业化的一个关键因素是从 2004 年开始发生的多晶硅短缺。2006 年，太阳能耗用的多晶硅首次超过了半导体芯片的耗用量。据预测，多晶硅短缺问题将在 2010 年得到缓解，太阳能电池的价格将下降到＄2/Wp。但是，那时的柔性电池和薄膜电池将已经占据 20%的市场份额。

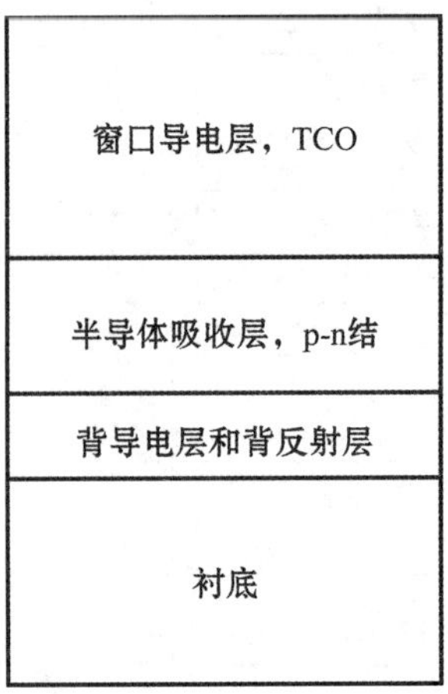

图 3.4　柔性电池和薄膜电池的结构

据预测，全世界柔性电池和薄膜电池的产能，将在 2010 年达到 3 700MW，见表 3.1。其中，美国为 1 127MW，日本为 1 312MW，欧洲为 793MW，而其他亚洲国家为 472MW。柔性电池和薄膜电池的良好发展趋势使很多厂商积极地扩大产能。First Solar、Sharp、United Solar Ovonic、Nanosolar 和 AMI 都将达到 100MW 产能。

柔性电池市场的快速增长，是由于其本身优越的特性。柔性电池成本低、重量轻、而且衬底柔软。晶体硅电池只能够安装在屋顶上，而柔性电池可以安装在墙壁、屋顶、甚至窗户上，是晶体硅电池安装面积的 2～3 倍。而且由于柔性电池质量轻，安装在屋顶上不需要晶体硅那样加固屋顶。

美国 Solar Integrated 公司生产的非晶硅柔性电池，把非晶硅薄膜电池制备在柔性的布料上，密度仅为 3.66kg/m^2，卷筒电池安装方便，可以适应各种表面，如图 3.5 所示。

瑞士 Flexcell 公司也推出非晶硅柔性电池，易于集成在建筑上，如图 3.6 所示。在现有的屋顶上，柔性电池和硬质绝缘层、石膏板一起安装，使客户的屋顶更安全、节能、美观。硬质绝缘层可以防止漏电，石膏板可以防止火灾。隔热作用减小了建筑材料对热量的吸收，使室内气

表3.1 2007～2010年全世界柔性电池和薄膜电池的产能/（MW）

	公司	电池类型	现有产能	增加产能	总产能	公司	电池类型	现有产能	增加产能	总产能	总和
美国	First Solar	CdTe	90	–	90	Nanosolar	CIS	–	430	430	1127
	Uni-Solar	a-Si	60	240	300	AVA Solar	CdTe	3	20	3	
	MiaSole	CIS	5	50	55	Nano PV	a-Si	–	4	4	
	Global Solar	CIS	3	60	63	OptiSolar	a-Si	–	40	40	
	EPV	a-Si	2	25	27	Primestar Solar	CdTe	–	20	20	
	Daystar Technologies	CIS	1	10	11	SoloPower	CIS	–	20	20	
	Power Film	a-Si	1	10	11	ISET	CIS	–	3	3	
	Ascent Solar	CIS	2	25	27	MWDE Solar	a-Si	–	3	3	
						Heliovolt	CIS	–	20	20	
日本	Kaneka	a-Si	20	50	70	MH1	a-Si	14	56	70	1312
	Showa Shell	CIS	20	60	80	Kanto Sanyo	a-Si	7	–	7	
	Sharp	a-Si	15	1000	15	Honda	CIS	3	27	30	
	Fuji	a-Si	15	25	40						
欧洲	First Solar	CdTe	120	100	120	AMI	a-Si	–	160	160	793
	CSG Solar	Thin-Si	10	15	25	Johanna Solar Tech	CIS	–	30	30	
	Wurth Solar	CIS	3	15	18	Brilliant	a-Si	–	25	25	
	Antec Solar	CdTe	10	–	10	Solibro	CIS	–	30	30	
	Schott Solar	a-Si	3	27	30	Global Solar	CIS	–	30	30	
	ICP Solar Tech	a-Si	3	–	3	Helio Grid	a-Si	–	50	50	
	Solar Cells	a-Si	1	–	1	SunFilm	a-Si	–	60	60	
	Free Energy	a-Si	1	–	1	T.. Solar	a-Si	–	40	40	
	Solar Plus	a-Si	–	5	5	Signet Solar	a-Si	–	20	20	
	Sulfur Cells	CIS	5	–	5	Chyxco	CdTe	–	25	25	
	Aleo Solar	CIS	–	30	30	Avancis	CIS	–	20	20	
	Ersol	a-Si	–	40	40	Odersun	CIS	–	5	5	
						Scheuten Solar	CIS	–	10	10	
亚洲	First Solar	CdTe	–	220	220	GET	a-Si	–	40	40	472
	Bangkok Solar	a-Si	7	–	7	Nanowin Tech	a-Si	–	35	35	
	Sinonar	a-Si	3	–	3	Mosen Baer	a-Si	–	20	20	
	T.J. Solar Cell	a-Si	2	–	2	Solar Morph	a-Si	–	20	20	
	Soltech	a-Si	15	–	15	Tooray Solar	a-Si	20	–	20	
	Suntech Power	a-Si	–	50	50	CMC	a-Si	–	40	40	
											3704

（数据来源：参考文献［3］）

温降低，节约了能源，也提高了太阳能电池的工作性能。加固结构可以安全牢固地抵御各种恶劣气候。

Flexcell 在伦敦证券交易所上市后，从 2007 年的 8.5MW 产能增加到 2008 年的 24MW 产能。营业收入将从 2006 年的＄3 800 万增长到 2008 年的＄1.45 亿。

图 3.5　Solar Integrated 的非晶硅柔性电池
（图片来源：Solar Integrated）

图 3.6　Flexcell 的非晶硅柔性电池
（图片来源：Flexcell）

美国 First Solar 公司从事 CdTe 电池生产，是薄膜电池的代表性企业，其股票一路走高，可见资本市场对薄膜技术的追捧，如图 3.7 所示。

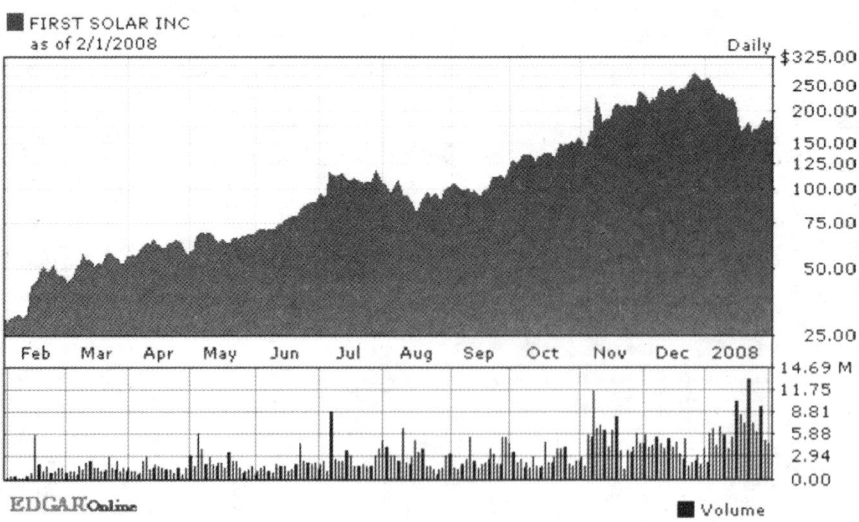

图 3.7　2007 年 First Solar 的股价一路上行
（图片来源：Edgar Online）

风险投资人和业内人士一致认为，随着太阳能产业的发展，晶体硅电池、薄膜电池、柔性电池等多种技术将会共同进步，不会产生谁击败谁的问题，因为它们各有特点，可以满足细分市场的需求。各种太阳能电池的竞争优势，在于成本和性能的平衡。在自行车制造业，不同材质的自行车可以满足不同客户的需求，如图 3.8 所示。太阳能产业也将和自行车制造业一样，多种价位，多种特性的电池将在市场上并存[6]。

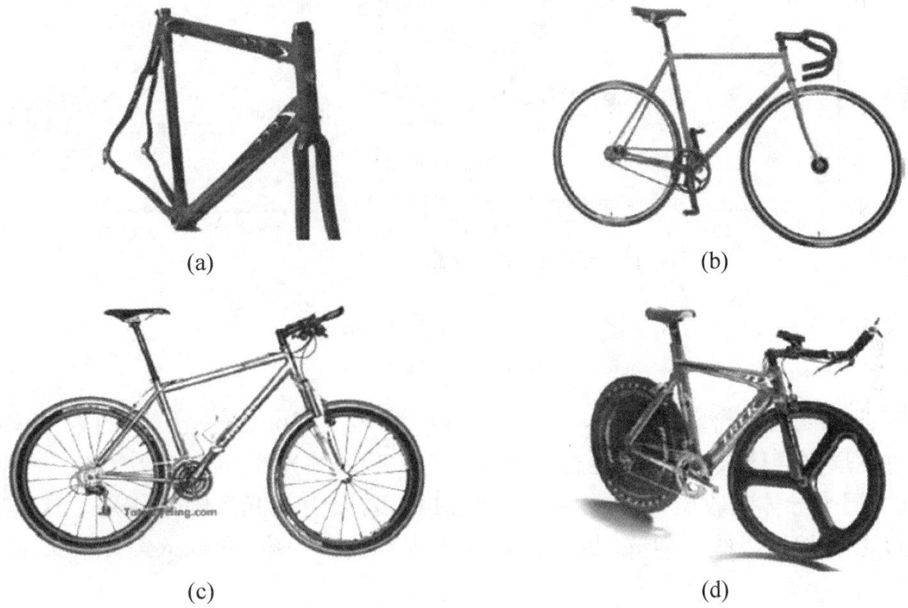

图 3.8 太阳能电池和自行车都是多样性发展

(a) 铝制自行车-易于生产；(b) 钢制自行车-成本低廉；

(c) 钛制自行车-经久耐用；(d) 碳制自行车-轻便灵活

(图片来源，参考文献[6])

3.2 非晶硅柔性电池

晶体硅电池应用广泛，可靠性高，而且人们对其特性和原理有透彻的认识，所以一直是太阳能产业的主流。由于政策扶持、投资增加和产能扩大，晶体硅电池的累计装机容量每增加一倍，价格会下降 20%，如图 3.9 所示。

随着产业的发展，晶体硅硅片的厚度不断变薄，从 1990 年的 400μm 降至 2006 年的 200μm。硅片面积不断变大，从 125mm×125mm 扩大到 156mm×156mm。转换效率从 1990 年的 10%增长到 2006 年的 15.5%。

非晶硅(amorphous silicon，a-Si)柔性电池的厚度是晶体硅电池的 1/300，可以进一步地降低原材料成本。非晶硅柔性电池的一个突破是 1997 年提出的三结叠层电池结构，提高了转换效率和稳定性，稳定后的转换效率达到 8.0%～8.5%[7]。

以美国 United Solar Ovonic 公司的非晶硅柔性电池为例，非晶硅三结叠层电池结构包含了三层不同带隙的 p-n 结吸收层，如图 3.10 所示。顶电池用 1.8eV 带隙的非晶硅 a-Si，吸收蓝光。中间电池用 1.6eV 带隙的硅锗合金 a-SiGe，吸收绿光，Ge 的含量为 10%～15%。底电

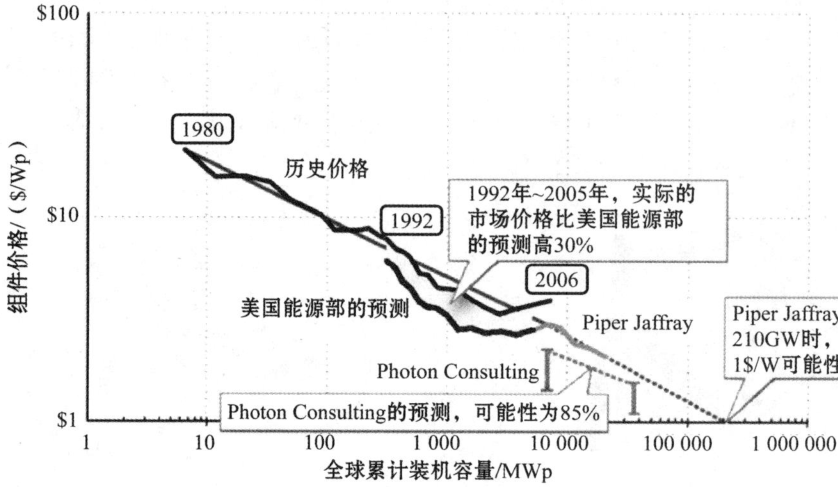

图 3.9 太阳能电池的价格走势

(数据来源:参考文献[6])

池用 1.4eV 带隙的硅锗合金 a-SiGe,为 40%～50%吸收红光和红外光,Ge 的含量较高。太阳光依次通过三层半导体吸收层后,还有一部分没有被吸收的光线,经过 Al/ZnO 的背反射层反射后,回到三层半导体吸收层,再进行一次吸收过程,背反射层起到陷光作用。这样非晶硅柔性电池可以更有效地吸收入射光,提高了转换效率和输出功率,在低入射光和散射光的条件下,性能更好。

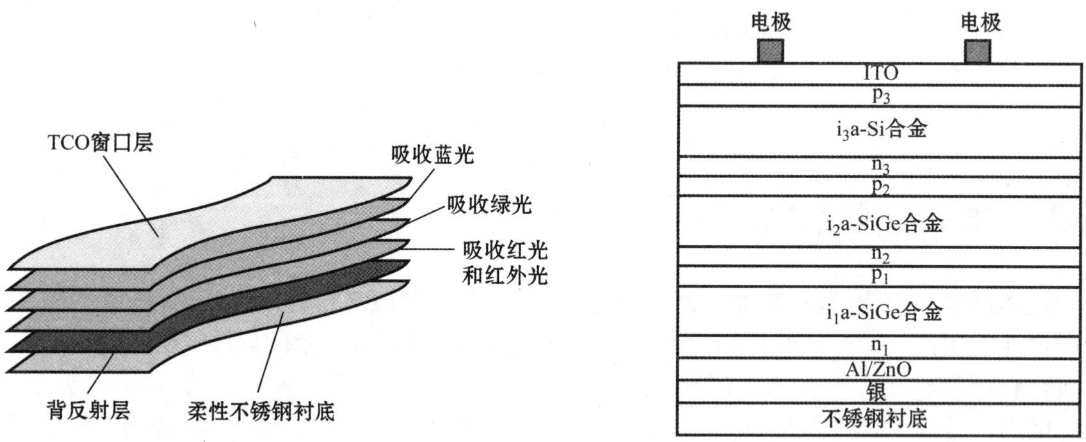

图 3.10 非晶硅合金柔性电池的三结叠层结构

(a) 三结叠层结构的作用; (b) 三结叠层结构的成分

(图片来源:United Solar Ovonic)

非晶硅柔性电池的制备工艺是低温的气相沉积技术,能源回收期比晶体硅电池更短。卷对卷技术使用柔性衬底。United Solar Ovonic 使用不锈钢衬底,制备碳锗合金三结叠层柔性电池,如图 3.11 所示。United Solar Ovonic 的制造基地在美国密歇根州,采用全自动化生产

线。卷筒上的不锈钢箔片总长度达 2.5km,宽 36cm,厚 125μm。流水线中有 4 台主要设备:

(1) 不锈钢箔片衬底的清洗机,一次可以清洗整个卷筒的不锈钢箔片;

(2) Al/ZnO 背反射层的溅射机,在清洁后的不锈钢箔片上溅射背导电层和背反射层;

(3) 非晶硅 a-Si 和硅锗合金 a-SiGe 的气相沉积设备;

(4) 氧化铟锡(indium tin oxide,ITO)减反射膜的沉积设备。

柔性电池接上电极后,被层压封装在高稳定性、防紫外的聚合物中。层压时,电池顶部是含氟聚合物,底部是聚合物粘合剂。层压后的柔性电池,重量轻且坚固耐用,适合电池充电、并网发电等各种应用。

瑞士 Flexcell 公司用带有导电层的塑料片作为衬底,制备非晶硅柔性电池,如图 3.12 所示。Flexcell 采用四步卷对卷工艺:

(1) 在 50μm 厚的塑料片上沉积导电的金属膜;

(2) 用化学气相沉积制备非晶硅 a-Si 层;

(3) 射频磁控溅射制备 TCO;

(4) 用聚合物粘合剂进行组件层压封装。

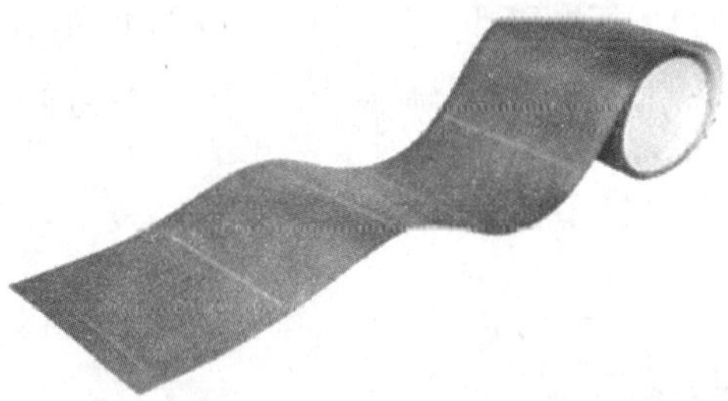

图 3.11 United Solar Ovonic 的非晶硅柔性电池
(图片来源:United Solar Ovonic)

图 3.12 Flexcell 的非晶硅柔性电池
(图片来源:Flexcell)

在实际环境下,非晶硅柔性技术的可靠性得到保证。第三方的测试结果表明,United Solar Ovonic 三结叠层非晶硅柔性电池,性能长期稳定,如图 3.13 所示。被测试的系统为 1.8kWp,系统自 1994 年开始使用,从 1999 年 3 月到 2003 年 8 月,每个月进行测试,测试的辐照度 $P_S > 800 W/m^2$。每年输出功率降低 12.46Wp,4 年共降低约 50Wp,相对初始功率 1.7kWp 年均降低 0.74%,与晶体硅电池相当。

在欧洲中部和北部的气候条件下,太阳光的散射较多。在这样的弱光环境下,非晶硅电池的弱光性得以体现。在一样的额定功率下,弱光性好的电池,在微弱的光线下输出功率更高。在 50~100W/m^2 的弱光条件下,相同额定功率的非晶硅三结叠层电池的输出功率,比晶体硅电池高 40%。

晶体硅在 300W/m^2 以下的弱光条件下,转换效率随辐照度下降而快速下降。非晶硅电

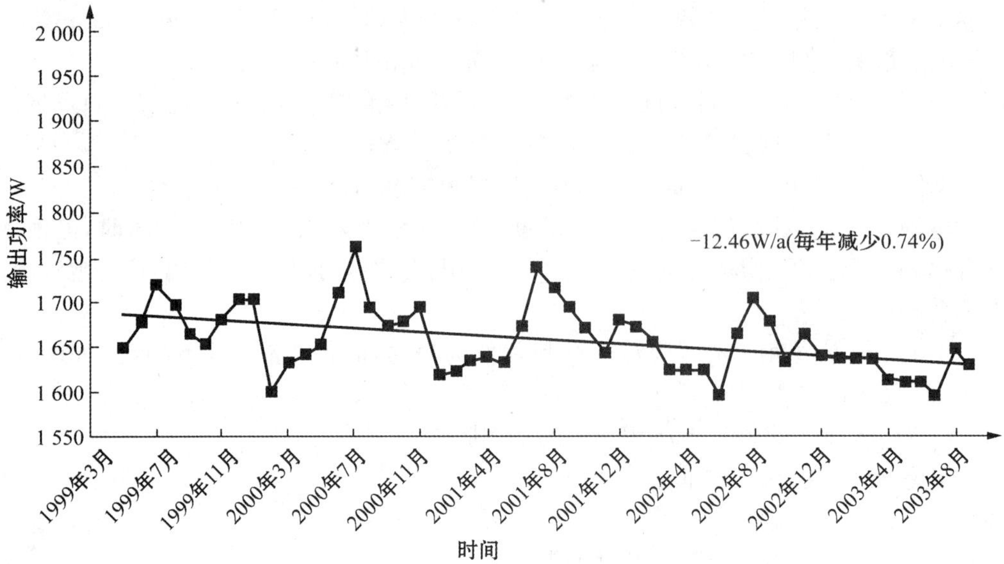

图 3.13　United Solar Ovonic 非晶硅柔性电池性能稳定
（数据来源：参考文献[1]）

池恰恰相反，非晶硅三结叠层电池在 50W/m² 以上的条件下，转换效率随辐照度下降而上升。它在 100W/m² 环境下的转换效率，比在标准测试条件 STC 的1 000W/m²环境下的高 25%。

晶体硅电池的温度系数（thermal coefficient）一般为-0.5%/℃，而三结叠层非晶硅柔性电池的温度系数较小，为-0.21%/℃。正常太阳能电池的工作温度为 60℃，比标准测试条件 STC 温度 25±1℃，高 34℃。所以，晶体硅电池的功率将降低 17%，而非晶硅电池仅降低 7.14%。因此，在较高的工作温度下，相同额定功率的非晶硅电池输出功率比晶体硅高。

在热带国家泰国，对并网发电的非晶硅电池和单晶硅电池，进行了一年的性能测试，如图 3.14 所示。非晶硅电池全年的单位功率发电量比单晶硅电池多 15%。在炎热的夏季，非晶硅

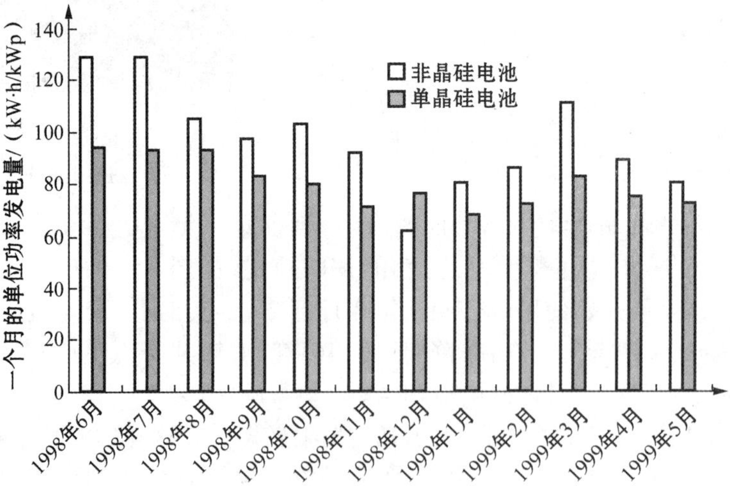

图 3.14　非晶硅薄膜电池在泰国各季节中的发电量比较
（数据来源：参考文献[8]）

电池的温度特性更优越，这符合上述根据温度系数的定量分析。而且夏季是泰国的雨季，阴雨天中更多的散射光也发挥了非晶硅电池弱光性的优势[8]。

不但在热带地区，非晶硅电池的温度特性有优势，在温带地区也是如此。日本 Kaneka 公司，在大阪（Osaka）附近的滋贺（Shiga）生产基地进行了实验。Kaneka 的单结非晶硅电池比单晶硅和多晶硅电池的温度特性都好，如图 3.15 所示。

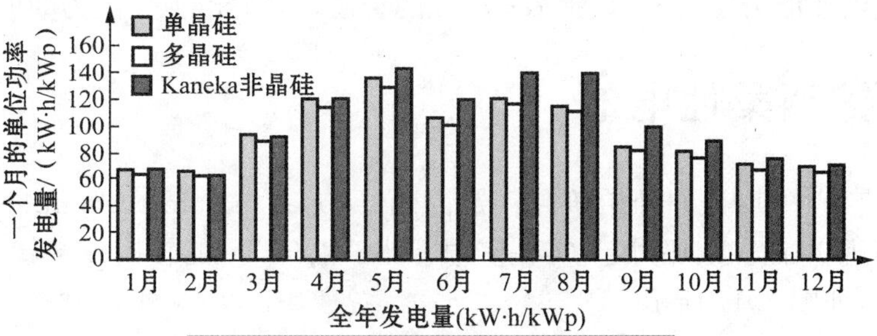

全年发电量(kW·h/kWp)

单晶硅	多晶硅	Kaneka非晶硅
1 113	1 059	1 203

图 3.15　非晶硅薄膜电池在日本各季节中的发电量比较

（数据来源：参考文献[8]）

2001 年，Kaneka 推出混合式薄膜电池（hybrid thin-film solar cell），实现了 12%的转换效率，创造了商业化非晶硅电池的世界纪录，如图 3.16 所示。在混合式薄膜电池中，非晶硅 a-Si

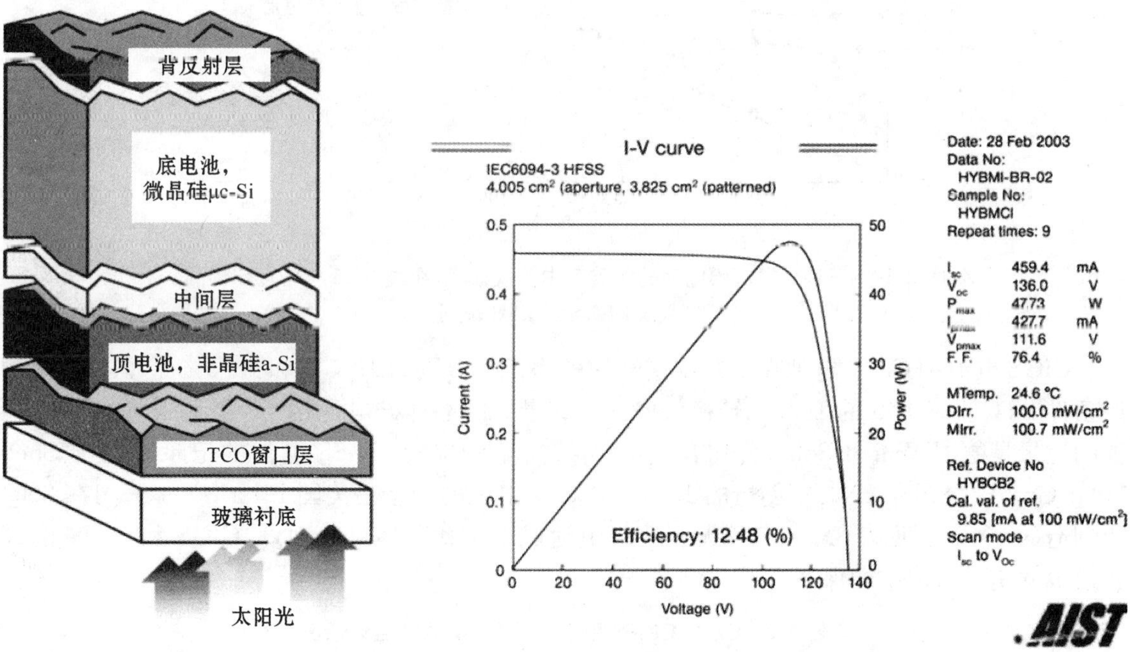

(a)　　　　(b)

图 3.16　Kaneka 混合式薄膜电池

(a) 结构；(b) 第三方测试报告

（图片来源：参考文献[9]）

和微晶硅 μc-Si 的双结叠层结构之间，加了一层特殊的中间层(interlayer)。中间层保证了陷光作用，把短路电流提高了 19%。经日本通产省(Ministry of Economy, Trade and Industry, METI)下属产业技术综合研究所(National Institute of Advanced Industrial Science and Technology, AIST)测量，混合式薄膜电池的初始转换效率为 13.1%，稳定后为 12%[9]。Kaneka 在 2007 年的产能达到 55MW，计划 2008 年的产能达到 70MW。其中，转换效率 12% 的混合式薄膜电池产能为 40MW，转换效率 8%的普通非晶硅电池产能为 30MW。

3.3 铜铟镓硒柔性电池

20 世纪 70 年代中期，人们开始研究铜铟镓硒(copper indium gallium diselenide, Cu(In, Ga)Se_2, CIGS)薄膜电池。从那时起，实验室中 CIGS 和 CdTe 的转换效率就是三种无机薄膜电池中比较高的，如图 3.17 所示。

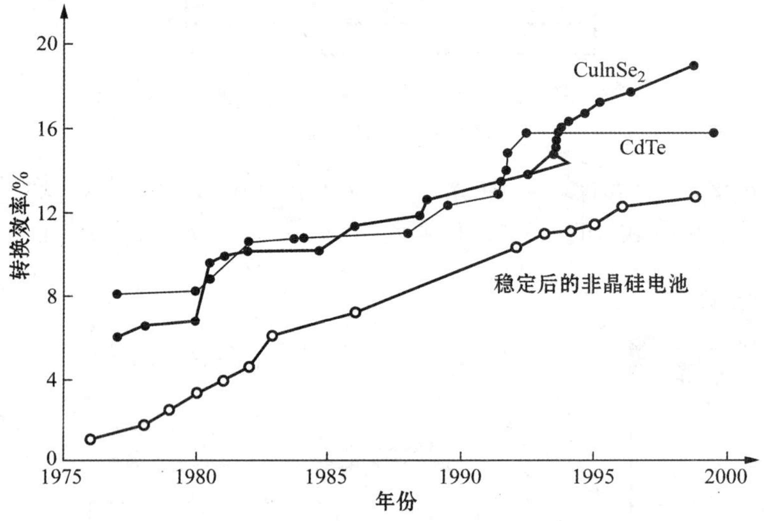

图 3.17 三种无机薄膜电池的实验室中转换效率，在过去 25 年中逐步提高
(数据来源：参考文献[10])

CIGS 电池和 CdTe 电池在实验室中转换效率记录分别为 19.5%和 16.5%[11]。在标准测试条件 STC 下，CIGS 的 19.5%转换效率已经和最好的晶体硅电池相当。产业化中，CIGS 电池的记录是德国 Würth Solar 公司在 2004 年创造的 13%，CIGSS 电池的记录是德国 Shell Solar GmbH 公司在 2003 年创造的 13.1%，CdTe 电池的记录是美国 First Solar 公司在 2004 年创造的 10.2%，见表 3.2。三种无机薄膜电池成本都比晶体硅电池低，CIGS 和 CdTe 的高转换效率是其低成本的保证。

表 3.2 CIGS、CIGSS 和 CdTe 薄膜电池产业化情况

公司	薄膜类型	电池面积/(cm^2)	转换效率/%	输出功率/Wp	时间
Shell Solar	CIGSS	7 376	11.7	86.1	10/2005
Global Solar	CIGS	8 390	10.2	88.9	05/2005
Würth Solar	CIGS	6 500	13.0	84.6	06/2004

（续表）

公司	薄膜类型	电池面积/(cm^2)	转换效率/%	输出功率/Wp	时间
Antec Solar	CdTe	6 633	7.3	52.3	06/2004
First Solar	CdTe	6 623	10.2	67.5	02/2004
Shell Solar GmbH	CIGSS	4 938	13.1	64.8	05/2003
Showa Shell	CIGS	3 600	12.8	44.15	05/2003
Shell Solar	CIGSS	3 626	12.8	46.5	03/2003

（数据来源：参考文献[11]）

CIGS 薄膜属于黄铜矿结构（chalcopyrite）晶体，其带隙可以调节。由于太阳能电池对带隙的要求是 1～1.7eV，通过改变Ⅲ族阳离子 In、Ga、Al 和 VI 族阴离子 Se、S 的含量，可以按照需要调节 CIGS 的带隙[12]。

和非晶硅相比，CIGS 晶体内部缺陷少，性能更稳定，组件寿命达 25 年。在组件使用过程中，铜离子的移动可以修复缺陷，因此组件性能会不断地提高，这和非晶硅的光致衰退效应或 S-W 效应（Staebler-Wronskieflect）恰恰相反[13]。

CIGS 柔性电池和薄膜电池同 CdTe 薄膜电池有相似的结构：衬底、背电极、半导体吸收层和窗口导电层，如图 3.18 所示。扫描电子显微镜（scanning electron microscope，SEM）给出了 CIGS 和 CdTe 的截面图。

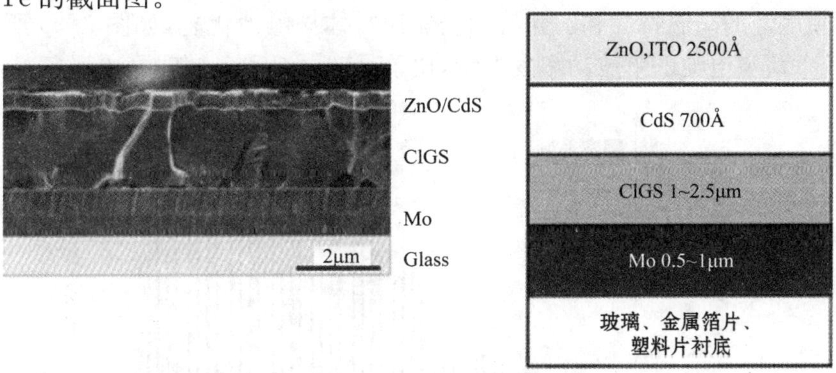

(a)

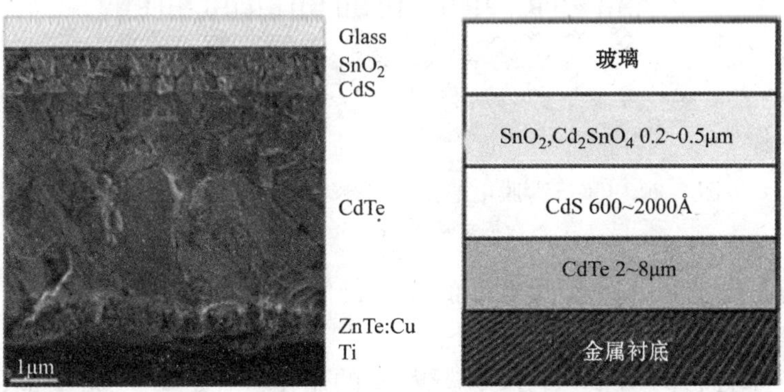

(b)

图 3.18 薄膜电池结构

(a) CIGS 薄膜电池的结构；(b) CdTe 薄膜电池的结构

（图片来源：参考文献[1]）

正常的室外条件一般不满足标准测试条件 STC 的温度 25±1℃和辐照度 1 000W/m^2。真实的 CIGS 薄膜电池伏安特性，如图 3.19 所示。高温会降低开路电压，但对短路电流的影响不大。低辐照度会降低短路电流，当辐照度从 1 000W/m^2 降为 200W/m^2，短路电流从 2.5A 降为 0.5A，辐照度和短路电流成线性正比关系。

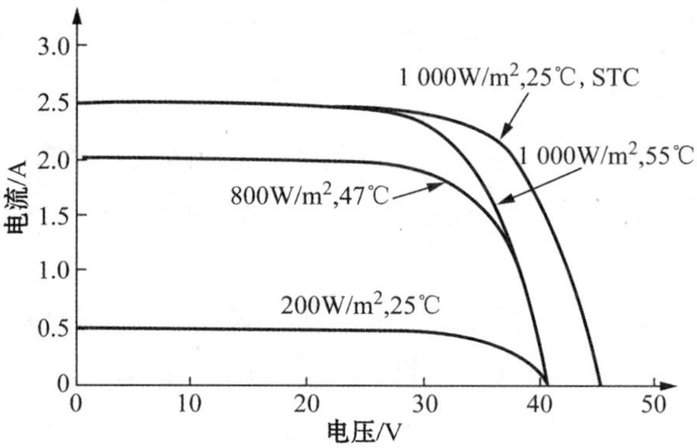

图 3.19 CIGS 薄膜电池的伏安特性曲线随温度和辐照度变化
（数据来源：参考文献[14]）

CIGS 薄膜电池的高温特性和弱光特性仍然比晶体硅电池优越，如图 3.20 所示。在德国的实验中，CIGS 薄膜电池的单位功率发电量，比单晶硅电池和多晶硅电池都多。

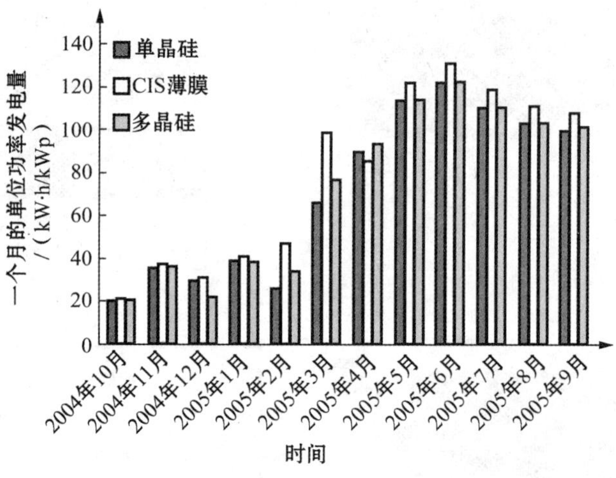

图 3.20 CIGS 薄膜电池在德国各季节中的发电量比较
（数据来源：Würth Solar）

相对非晶硅薄膜电池，CIGS 薄膜电池的成本仍然较高。为了降低 CIGS 电池的制造成本，人们提出了一些研发方向：

(1) 尽量减少原材料的用量，特别要减少 In 的用量，因为 In 是储量小、价格高的稀缺元素。

(2) 人们改进了 ZnO 的沉积工艺，使用反应溅射(reactive sputtering)，提高良率(yield)。

(3) 降低吸收层厚度，CIGS 晶体的吸收系数较高，达到 10^5 cm^{-1}，因此 1μm 厚的 CIGS 就可以完全吸收能量大于带隙的入射光子。

(4) 使用低纯度的原材料。

有人认为，10 年以后，在产能 50MW 的生产基地，转换效率 12%的 CIGS 薄膜电池，成本可以降低到€0.7/Wp，良率可以达到 85%[15]。

美国 Nanosolar 公司，是到至今最成功的 CIGS 企业，如图 3.21 所示。Nanosolar 开发了 CIGS 纳米油墨(nano ink)，结合卷对卷技术，在 2007 年底，推出了 CIGS 柔性电池[16]。20 世纪 90 年代中期，一些公司开始研发 CIGS 卷对卷印刷技术，美国 Unisun 公司就是其中之一，并获得了最早的 CIGS 卷对卷印刷技术专利，其目标是在年产能 10MW 的工厂达到每分钟生产一片电池组件的速度。之后，Nanosolar 兼并了 Unisun，并获得了其所有的 CIGS 卷对卷技术知识产权。

图 3.21　Nanosolar 的 CIGS 柔性电池

(图片来源：Nanosolar)

Nanosolar 的核心技术之一，是均匀而稳定的纳米油墨，如图 3.22 所示。纳米油墨是含有 CIGS 纳米粒子的聚合物悬浮液。化学稳定性保证了，在进行大面积印刷时，4 种原了按要求的比例沉积在衬底上，这对半导体电性能很重要。相对而言，普通薄膜电池的真空沉积技术更加复杂，必须实时地调节 Cu、In、Ga、Se 各元素的比例。

图 3.22　Nanosolar 的 CIGS 纳米油墨

(图片来源：Nanosolar)

Nanosolar 使用的铝箔衬底不但廉价，而且电导率是不锈钢箔片的 20 倍。在一卷筒铝箔开始的几米初始印刷后，来源于高速报纸印刷技术的卷对卷工艺可以保持稳定的印刷工艺，在数千米长的一卷筒铝箔上，用纳米油墨，均匀地沉积 CIGS 吸收层。然后，带有 CIGS 薄膜的铝箔进入另一台印刷机，沉积 TOC 透明导电膜。最后，被剪切成需要的电池大小，如图 3.23 所示。基于硅片的晶体硅电池或基于玻璃衬底的普通薄膜电池，必须在各腔体之间搬移，损伤等不确定因素会带来各种质量问题。

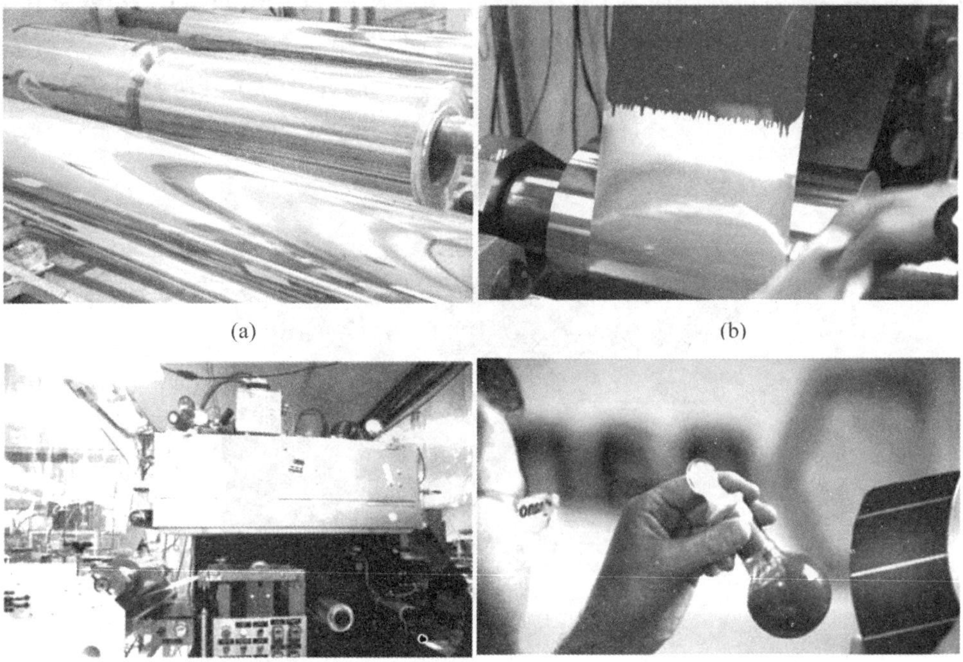

(a) (b) (c) (d)

图 3.23　Nanosolar 的卷对卷技术

(a) 铝箔；(b) 卷对卷工艺；(c) 设备体积不大；(d) 钠米油墨

(图片来源：PopSci. com)

Nanosolar 的 PowerSheet® CIGS 电池结构，和其他柔性电池或者薄膜电池相似，是半导体的三明治结构，如图 3.24 所示。而用 CIGS 柔性电池封装的 Utility Panel™ 组件成为第一种系统电压达到 1500V 的 TUV 认证组件，如图 1.10 所示。

Nanosolar CIGS 柔性电池的发电成本比普通薄膜电池低的原因，除了原材料利用率高、不需要昂贵的气相沉积，还有独特的电流特性。其电流比市场上其他薄膜电池高 5～10 倍，有效地降低系统成本(balance of system cost，BOS cost)。

由于较高的投资回报率和光明的市场前景，Nanosolar 得到了谷歌创始人 Larry Page 和 Sergey Brin 的投资。在美国加利福尼亚州，Nanosolar 正在建造世界上最大的 CIGS 生产基地。

美国 Global Solar Energy 公司也推出了 CIGS 柔性电池，如图 3.25 所示。公司在亚利桑那州 Tucson 的生产基地，计划把产能从 3MW 增加到 60MW。Global Solar Energy 的 CIGS 柔性电池被美国陆军采购，用于士兵可移动电池充电器。

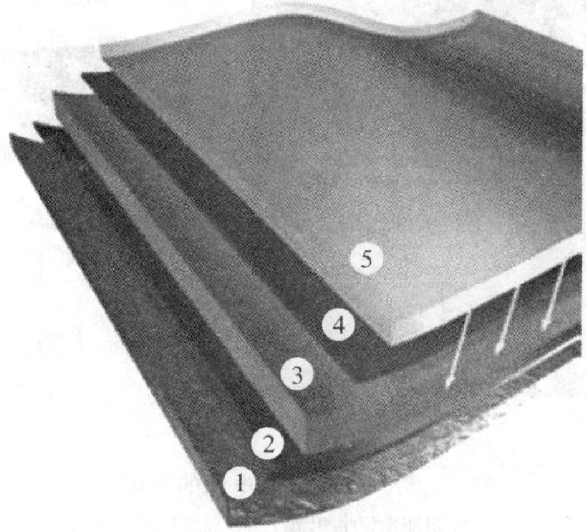

图 3.24 Nanosolar 的 CIGS 柔性电池结构

① 铝箔衬底；② 钼(molybdenum，Mo)背电极；③ CIGS 吸收层；
④ CdS 吸收层；⑤ 氧化锌(zinc oxide，ZnO)TOC 窗口层
(图片来源：Nanosolar)

图 3.25 美国 Global Solar Energy 公司推出柔性 CIGS 电池

(图片来源：Global Solar Energy)

全世界已经有将近 20 家公司开发了 CIGS 薄膜电池。Avancis 公司是壳牌(Shell)公司和圣戈班(Saint-Gobain)公司的合资企业，在德国 Torgau 建成了 20MW 产能的 CIGS 薄膜电池生产基地，30cm×120cm 的电池转换效率接近 13%。

CIGS 薄膜电池的外观是暗黑色的，尺寸和形状可以任意裁剪，可以满足各种应用的设计构思。除了 1.5 节中也有介绍过的 BIPV 应用，CIGS 薄膜电池还可以使不少日用产品更新换代。CIGS 薄膜电池可以为电动百叶窗提供动力，大小 53mm×600mm、转换效率 6.3%的 CIGS 电池的功率为 2Wp。集成了 CIGS 薄膜电池的太阳能门牌，可以用白天发的电，在晚上通过 LED 使门牌号发光，如图 3.26 所示。

(a) (b)

图 3.26 CIGS 薄膜电池的应用

(a) 太阳能电动百叶窗；(b) 太阳能门牌

(图片来源：Würth Solar)

3.4 碲化镉薄膜电池

碲化镉(cadmium telluride,CdTe)的带隙为 1.45eV,硅的带隙为 1.2eV,所以 CdTe 能比硅更好地匹配太阳光谱。虽然 CdTe 薄膜电池使用的半导体材料只有晶体硅电池的 1%,其转换效率却不低。在制备 CdTe 薄膜电池时,添加带隙为 2.4eV 的 CdS 异质节结构,可以根据需要调节电池整体的带隙[17]。

典型的 CdTe 薄膜电池结构是玻璃/SnO_2/CdS/CdTe/电极,如图 3.27 所示。

(1) 盖板玻璃,常用钠钙玻璃(soda lime glass),如图 3.27①所示；

(2) TCO,氧化锡(tin dioxide,SnO_2)沉积在盖板玻璃上,如图 3.27②所示；

(3) 硫化镉(cadmium sulfide, CdS)层,用化学水浴沉积法(chemical bath deposition, CBD)制备,如图 3.27③所示；

(4) CdTe 吸收层,用近空间升华(close-spaced sublimation)、气体输运沉积(vapor transport deposition)或电沉积(electrodeposition)制备,如图 3.27④所示；

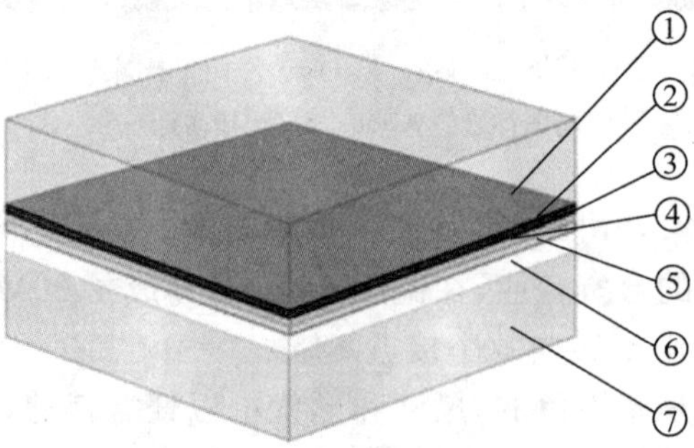

图 3.27 CdTe 薄膜电池的结构

① 盖板玻璃；② TCO；③ CdS 吸收层；④ CdTe 吸收层；⑤ 背电极；⑥ EVA；⑦ 背板玻璃

(图片来源：First Solar)

(5) 背电极，常用含有 Cu_xTe 和 HgTe 的碳糊(carbon paste)，如图 3.27⑤所示；

(6) 醋酸乙烯酯共聚物(ethyl vinyl acetate，EVA)，如图 3.27⑥所示；

(7) 背板玻璃，常用钠钙玻璃，如图 3.27⑦所示。

晶体硅电池在较高的工作温度下，电压下降导致转换效率下降。但是，CdTe 薄膜电池的转换效率并不会受高温太大的影响，输出功率相对稳定。在阴雨天或清晨黄昏，入射太阳光以散射光为主。在这样的弱光条件下，相同额定功率的 CdTe 薄膜电池的输出功率高于晶体硅电池。

在 CdS/CdTe 薄膜电池中，CdS 有直接带隙 2.4eV，在入射光进入 CdTe 吸收层之前，吸收紫外光和蓝绿光，使这些高能量的光子不能够有效地产生光伏作用。所以，CdS/CdTe 薄膜电池在短波长范围内，量子效率较低，如图 3.28 所示。

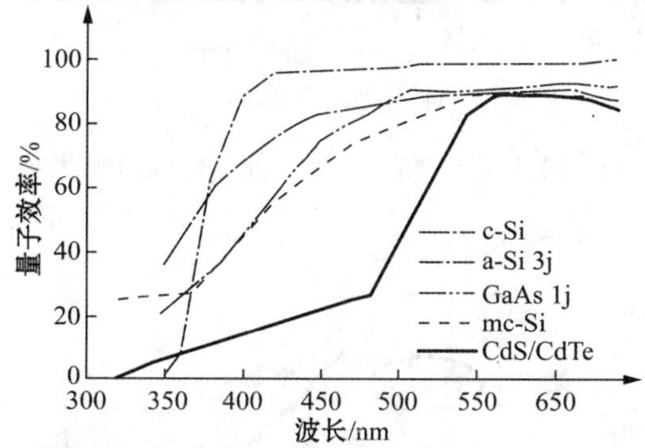

图 3.28　不同类型太阳能电池的量子效率光谱
(数据来源：参考文献[18])

有 4 种荧光有机染料的混合层可以改善这个问题。这些荧光有机染料廉价且光学稳定，也不需要改变 CdS/CdTe 薄膜电池的基本结构。染料层的作用，是把易被 CdS 吸收的短波长的光子，转换成高量子效率的长波长光子，发生荧光下移(luminescent down-shifting, LDS)。荧光有机染料可以使 CdS/CdTe 薄膜电池的短路电流密度提高 $\Delta J_{SC} = 3.1\text{mA/cm}^2$，$AM1.5$ 的转换效率从 9.6%提高到 11.2%[18]。

CdTe 薄膜电池的研究热点包括：CdTe 薄膜的均匀性及其对电池性能的影响、CdTe 吸收层特性、CdS/CdTe 界面的相互扩散、背电极中铜的掺杂等。

2003 年，美国 First Solar 公司制备 CdTe 薄膜电池的核心工艺，高速气相传输沉积(high-rate vapor transport deposition，HRVTD)获得了美国 2003 年度 R&D 100 奖，如图 3.29 所示。HRVTD 是 First Solar 和美国国家可再生能源实验室(National Renewable Energy Laboratory，NREL)共同合作开发的技术成果。HRVTD 可以在 40s 内，快速沉积一层 CdTe 或 CdS 薄膜。First Solar 也实现了组件的自动化制造，极大地降低了组件制造成本，提高了生产效率。

2006 年，First Solar 生产的 60cm×120cm CdTe 薄膜电池组件，额定功率分别从 50Wp 和 55Wp 提高到 55Wp 和 65Wp。由于碲和镉的储量足够可以供应数 GW 的产能，规模化生产可以使 CdTe 薄膜电池成本大幅下降。2004 年，First Solar 产能为 6MW，组件成本＄2.94/Wp，如图 3.30 所示。2006 年，产能升至 90MW，组件成本下降到＄1.25/Wp。通过扩大产能、提

图 3.29　First Solar 的 HRVTD

（图片来源：NREL）

高转换效率并改善良率，First Solar 希望在 2012 年前，把 CdTe 薄膜电池成本降到＄0.7/Wp，实现平价上网。

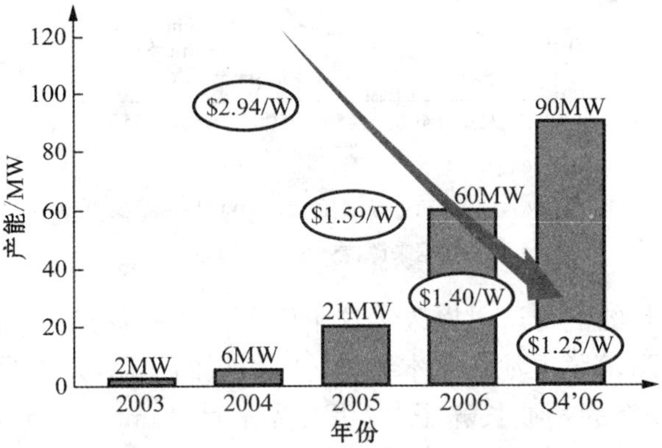

图 3.30　First Solar 的历年产能和成本

（数据来源：参考文献[3]）

3.5　铜铟镓硒电池和碲化镉电池的原材料问题

CIGS 太阳能电池的发展，会遭到铟 In 短缺问题的质疑，而 CdTe 太阳能电池的发展，也会遭到重金属元素镉 Cd 有毒问题的质疑[19]。

In 的需求量很大，但是储量有限、价格昂贵。氧化铟锡 ITO，由 90%的 In_2O_3 和 10%的 SnO_2 组成，是一种重要的 TCO，满足 TCO 可见光的高透过率>80%和导电率<$10^{-3}\Omega\cdot cm$ 的要求。In 主要用于 LCD 屏幕、等离子屏幕等 ITO 膜生产，但是只有 15%的 In 得到有效的应用，缺乏回收利用的措施。根据美国地质考察报告（United States Geological Survey，USGS），全世界 In 的储量约 6 000t，以 ITO 为主的使用量为每年 480～500t。这意味着，12 年后会出现铟矿的耗竭，人们只能通过回收才能得到 In。

自 2002 年以来，In 的年需求以 40%的速度增长，价格也随之高涨，如图 3.31 所示。2002

年 In 的市场价格只有 $60/kg，但是 2007 年 In 的价格曾经飙升到 $1 000/kg，2008 年又回落到 $400～500/kg。因此，今后 CIGS 电池的发展可能会遇到 In 短缺问题的困扰，其程度远比 2000 年以来晶体硅电池引起的多晶硅短缺严重。

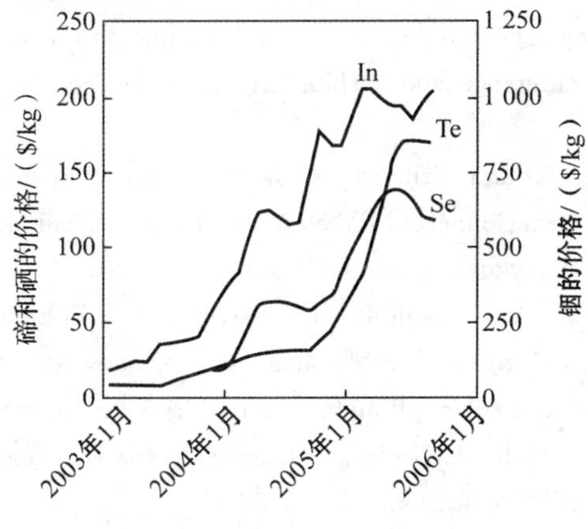

图 3.31　In、Te、Se 三种原材料的近年价格走势

（数据来源：参考文献[20]）

有人会提出 Cd 有毒，来质疑 CdTe、CdS 或 CdSe 薄膜电池。事实上，它们的制备比 Cd 的其他应用都要安全、环保，因为：

(1) CdTe 薄膜电池中的 Cd 和 Te 都是采矿业的副产品。Cd 是从冶炼锌的杂质中提取的，而 Te 是从冶炼 Cu 的杂质中提取的。用这种方法制备太阳能电池，可以防止有害元素污染环境。

(2) CdTe 电池在使用过程中不会产生污染。

(3) 电池到达使用寿命后，只要进行回收，就不会产生坏境污染[21]。

参 考 文 献

[1] van Cleef, M., Lippens, P. and Call, J. Superior Energy Yields of UNI-SOLAR® Triple Junction Thin Film Silicon Solar Cells compared to Crystalline Silicon Solar Cells under Real Outdoor Conditions in Western Europe [C] // 17th European Photovoltaic Solar Energy Conference and Exhibition, Munich, Germany, October 22-26, 2001.

[2] The European Photovoltaic Technology Platform. Strategic Research Agenda (SRA) for Photovoltaic Technology [EB/OL]. European Photovoltaic Industry Association (EPIA), June 2007. http://www.eupvplatform.org/fileadmin/Documents/PVPT_SRA_Complete_070604.pdf.

[3] Ullal, H. S. and von Roedern, B. Thin Film CIGS and CdTe Photovoltaic Technologies: Commercialization, Critical Issues, and Applications [C] // The 22nd European Photovoltaic Solar Energy Conference and Exhibition, Milan, September 3-7, 2007.

[4] Avancis. Why Thin Film Technology for Photovoltaics? [BE/OL] AVANCIS GmbH & Co. KG. http://www.avancis.de/fileadmin/user_upload/Why_ThinFilmPV_01-07.pdf.

[5] NanoMarkets. Materials Markets for Thin Film and Organic Photovoltaics [BE/OL]. NanoMarkets, LC, February 2008. http://www.nanomarkets.net.

[6] Cornelius, C. Venture Investing in Solar - 2007/2008 [BE/OL] // U. S. Department of Energy. Investment Theses, Market Gaps, and Opportunities, 2008. http://www.eere.energy.gov/solar/solar_america/.

[7] Gregg, A., Blieden, R., Chang, A. and Ng H. Performance Analysis of Large Scale, Amorphous Silicon Photovoltaic Power Systems [C] // 31st Institute of Electrical and Electronics Engineers, Photovoltaic Specialist Conference and Exhibition, Lake Buena Vista, Florida, USA, January 3-7, 2005.

[8] Adhikaria, S., Kumara, S. and Siripuekpongb, P. Comparison of Amorphous and Single Crystal Silicon Based Residential Grid Connected PV Systems: Case of Thailand [C] // Technical Digest of the International PVSEC-14, Bangkok, Thailand, 2004: 8-5.

[9] Yamamoto, K., Nakajima, A., Yoshimi, M., Sawada, T., Fukuda, S., Suezaki, T., Ichikawa, M., Koi, Y., Goto, M., Meguro, T., Matsuda, T., Kondo, M., Sasaki, T. and Tawada, Y. A high efficiency thin film silicon solar cell and module [J]. Solar Energy, 2004, 77: 939.

[10] Schock, H.-W. and Noufi, R. CIGS-based solar cells for the next millennium [J]. Progress in Photovoltaics: Research and Applications, 2000, 8: 151.

[11] Noufi, R. and Zweibel, K. High-Efficiency CdTe and CIGS Thin film Solar Cells: Highlights and Challenges [C] // WPEC4, Hawaii, 2006.

[12] Rau, U. and Schock, H. W. Electronic properties of $Cu(In,Ga)Se_2$ heterojunction solar cells-recent achievements, current understanding, and future challenges [J]. Applied Physics, 1999, 69: 131.

[13] Rau, U., Jasenek, A., Herberholz, R., Schock, H. W., Guillemoles, J. F., Lincot, D. and Kronik, L. The inherent stability of $Cu(In,Ga)Se_2$ [C] // Schmid, J., Ossenbrink, H. A., Helm, P., Ehmann, H. and Dunlop, E. D., Eds. Proceedings 2nd World Conference on Photovoltaic Energy Conversion, EU Joint Research Centre, Luxembourg, 1998: 428.

[14] Dimmlera, B. and Wächter, R. Manufacturing and application of CIS solar modules [J]. Thin Solid Films, 2007, 515: 5973.

[15] Woodcock, M., Schade, H., Maurus, H., Dimmler, B., Springer, J. and Ricaud, A. Proceedings of the 14th European Photovoltaic Solar Energy Conference, 1997: 857 [C]. Bedford, UK: Stephens & Associates, 1997.

[16] Wolfe, J. Solar Power Heats Up With Nanotechnology [N/OL]. Forbes, July 9, 2007. http://www.forbes.com/2007/07/09/nanotechroscheisen-solar-pf-guruin_jw_0709adviserqa_inl.html.

[17] Luque, A. and Hegedus, S., Eds. Handbook of Photovoltaic Science and Engineering [M]. New York: John Wiley & Sons, 2003.

[18] Richards, B. S. and McIntosh, K. R. Enhancing the Efficiency of Production of CdS/CdTe PV Modules by Overcoming Poor Spectral Response at Short Wavelengths Via Luminescence Down-Shifting [C] // Photovoltaic Energy Conversion, Conference Record of the 2006 IEEE 4th World Conference, 1: 213.

[19] Brownson, J. R. S. Nanomech in Photovoltaics, blog on third generation photovoltaics [EB/OL]. http://network.nature.com/blogs/user/U289513E8/2007/05/23/environmentally-aware-materials-sciencecase-study.

[20] Green, M. A. Consolidation of Thin Film Photovoltaic Technology: The Coming Decade of Opportunity [J]. Progress in Photovoltaics: Research and Applications, 2006, 14: 383.

[21] Fthenakis, V. M. Life Cycle Impact Analysis of Cadmium in CdTe PV Production [J]. Renewable and Sustainable Energy Reviews, 2004, 8: 303.

4 有机柔性太阳能电池

4.1 概论

无机柔性电池比晶体硅电池成本低，而这一章还要介绍一下，比无机柔性电池成本更加低的有机柔性太阳能电池(organic flexible solar cell)，其成本仅有晶体硅电池的$\frac{1}{5}$。

有机柔性电池有如下优势：

(1) 设备成本低：通过纳米化学技术，有机半导体吸收层会自动合成。不像无机薄膜电池那样，需要昂贵的镀膜设备。

(2) 原材料用量少：有机柔性电池只需要100nm厚的半导体吸收层，就可以充分地吸收太阳光谱。晶体硅电池需要200～300μm的半导体吸收层，无机柔性电池和无机薄膜电池也需要1～2μm的半导体吸收层。

(3) 电性能可调：可以按照需要合成有机物质，以调节吸收光谱和载流子输运特性。

但是，有机柔性电池的劣势有：

(1) 有机半导体和无机半导体相比，介电常数小，激子之间的静电场库仑力较强，分离困难。

(2) 有机半导体是非晶结构，载流子输运难度大。

(3) 有机半导体功率衰减较快，使用寿命低于无机半导体。

(4) 有机半导体器件不容易封装严密。封装破损会使有机半导体材料受潮，造成器件失效。

在有机太阳能电池(organic photovoltaics, OPV)中，有机半导体吸收介质通常由施主材料和受主材料混合而成。施主材料善于给出电子、吸收空穴，混合后具有正电性，共轭聚合物(conjugated polymer)是典型的施主材料。受主材料善于吸收电子、给出空穴，混合后具有负电性，富勒烯(fullerene，C60或buckminsterfullerene)是典型的受主材料，如图4.1所示。

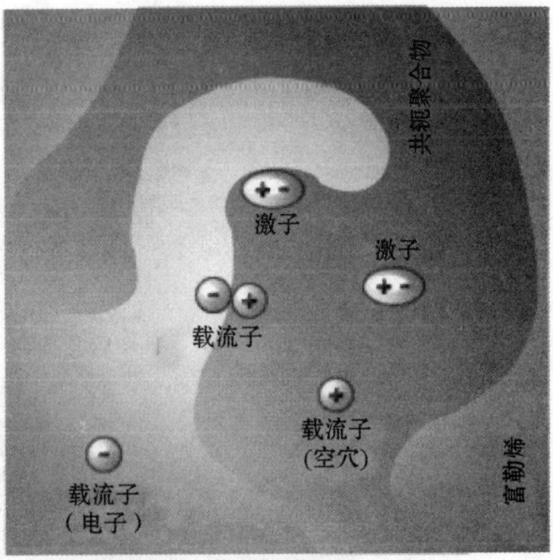

图4.1 激子和载流子

(图片来源：blog. disorderedmatter. eu)

激子(exciton)是被束缚的电子-空穴对，是受激后的准离子(quasiparticle)。受激后，电子和空穴分离，但是电子-空穴对仍然通过静电的库仑力互相吸引，由于库仑束缚而不能彻底分离，形成激子。激子有两种，瓦尔尼-莫特激子(Wannier-Mott exciton)和弗仑克尔激子(Frenkel exciton)。瓦尼尔-莫特激子存在于在晶体硅半导体中，被激发到导带中的电子和价带中的空穴形成束缚态，库伦力较弱，在 0.01eV 左右。弗仑克尔激子存在于有机介质的施主材料中，之间的库仑力较强，在 0.3eV 左右。

激子按照自旋方向分，有单线态激子(singlet exciton)和三线态激子(triplet exciton)。单线态激子中，被激发的电子和留在基态的电子，自旋方向反对称，自旋叠加为零，在太阳光照下只产生单线态激子，能量较大，可以产生载流子。但是单线态激子复合寿命较短，在 ns 量级，之后产生复合，发出荧光(photoluminescence)。三线态激子，被激发的电子和留在基态的电子，自旋方向对称，有三种方式，自旋叠加不为零，能量较低，不能产生载流子。但是三线态激子复合寿命较长，在 ms 量级，发出磷光 (phosphorescence)。

有机电池光伏发电的原理，如图 4.2 所示：

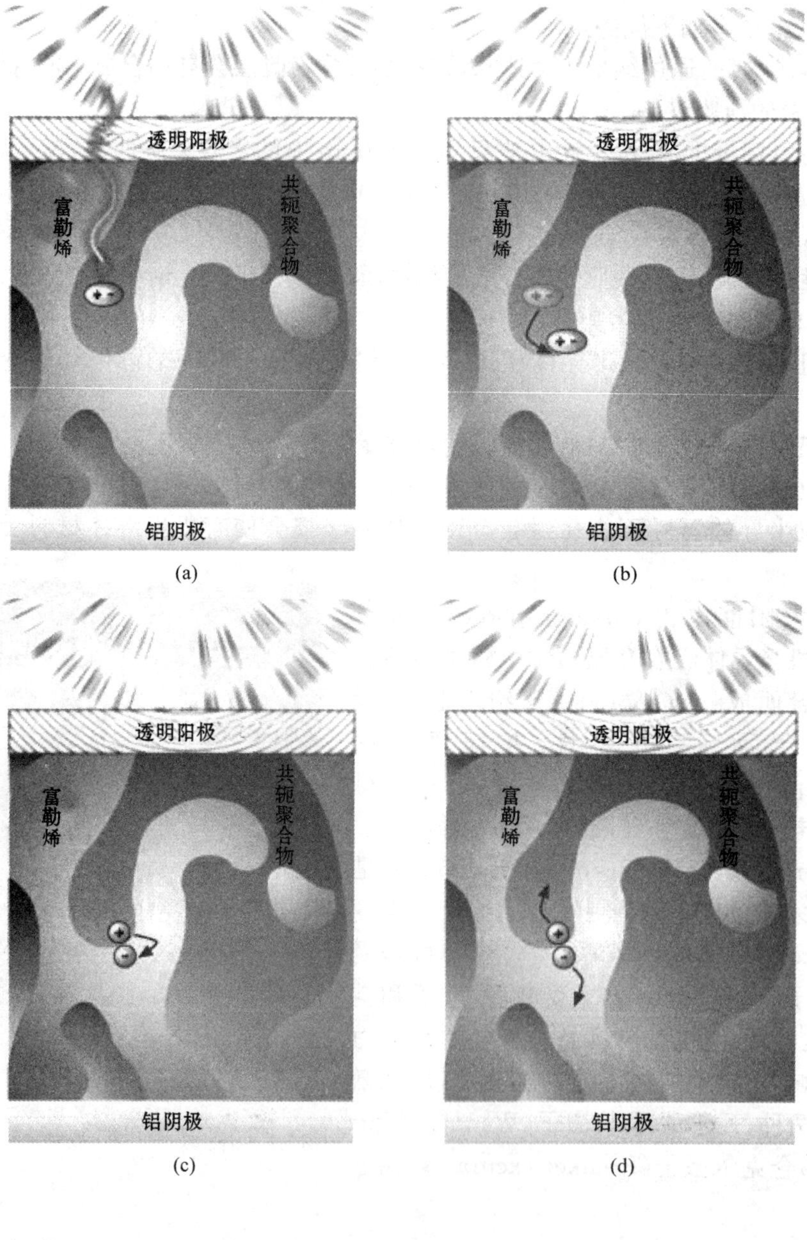

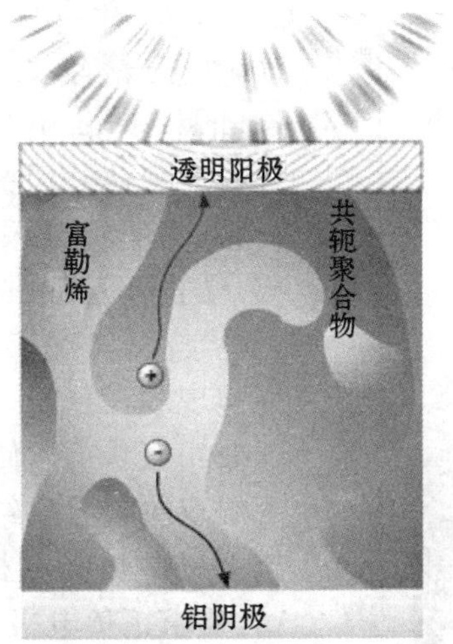

(e)

图 4.2 有机电池原理

（图片来源：blog. disorderedmatter. eu）

(1) 施主材料吸收太阳光，产生单线态激子，如图 4.2(a)所示。

(2) 激子从施主材料，扩散到施主材料和受主材料界面，即施主-受主的异质结，如图 4.2(b)所示。

(3) 电子被受主材料分子吸收，空穴留在施主材料中，这就是从激子到载流子的分离过程。分离过程很快，共轭聚合物-富勒烯系统中，分离过程仅为 100fs，如图 4.2(c)所示。

(4) 虽然激子分离成载流子，但是电子和空穴之间仍然有库仑束缚。分离后的库仑束缚较弱，复合寿命在 ms 或 μm 量级。而前面也提到，单线态激子的复合寿命在 ns 量级，如图 4.2(d)所示。

(5) 分离后的载流子分别进入正电极和负电极，驱动外电路，如图 4.2(e)所示。

有机薄膜电池的结构，如图 4.3 所示。上电极采用透明导电玻璃 ITO，是正电极。下电极通过溅射得到铝、钙或镁薄膜，是负电极。有机吸收介质在上下电极之间。有机薄膜电池和 OLED 的结构很相似。

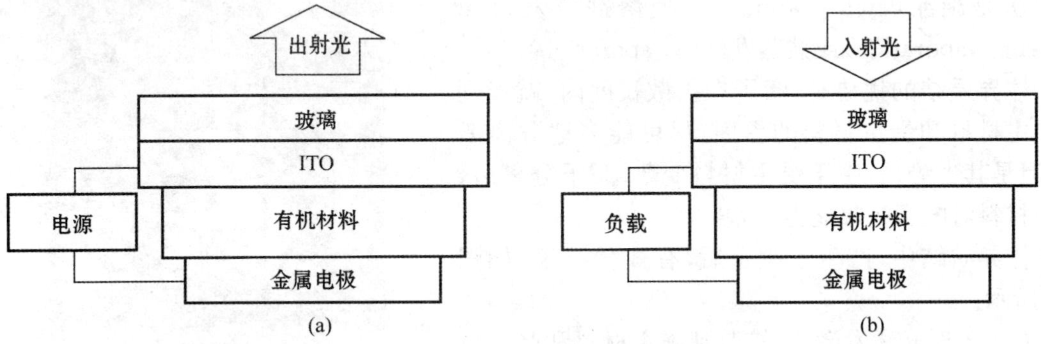

图 4.3 有机薄膜电池结构

(a) OLED 的结构；(b) 有机薄膜电池

（图片来源：参考文献[1]）

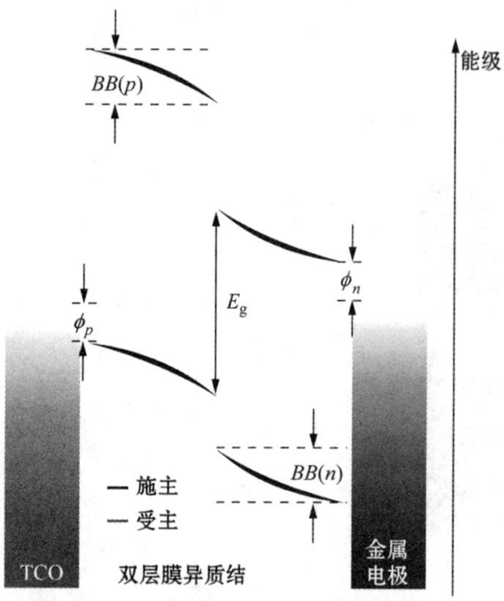

图 4.4　有机薄膜电池的能级结构
（图片来源：blog. disorderedmatter. eu）

1986 年，第一片真正意义上的有机太阳能电池，由美籍华人科学家，柯达公司[1]（Eastman Kodak Company）的邓青云（Ching W. Tang）博士开发。柯达公司擅长于研究高吸收率的有机感光材料，而邓青云采用两种共轭分子组成的吸收介质，结合双层膜异质结（bilayer heterojunction）的电池结构，实现了 1%的转换效率[2]。为了更有效地实现载流子分离，在层压后进行有控制的退火（anealing），可以使转换效率达到 1.9%[3]。

双层膜异质结结构中，正电极是 TCO，中间是施主材料和受主材料组成的异质结，负电极是金属，要求正负电极材料的功函数之差尽可能大，如图 4.4 所示。φ 为功函数，E_g 为带隙，BB 为耗尽宽度（depletion width）。

4.2　体异质结电池

有机双层膜电池结构有一个不可回避的缺陷。为了充分地吸收太阳光，有机半导体介质的厚度必须达到 100nm 的吸收长度（absorption length）。这比激子 10nm 的扩散长度（diffusion length）长很多。如果有机电池的半导体吸收层太薄了，就不能完全吸收入射光；如果半导体吸收层太厚了，则激子还没有充分地分离为载流子，就已经复合了。所以，有机双层膜电池的转换效率一直难以提高。

20 世纪 90 年代初，体异质结（bulk heterojunction，BHJ）太阳能电池因此应运而生，实现了光子吸收长度和激子扩散长度的平衡[4]。在体异质结中，施主材料和受主材料的界面不再是平面，它们混合在一起，形成了复杂的界面。体异质结的制备方法是旋涂（spin coating）、快速溶剂蒸发（fast solvent evaporation）或共蒸发（co-evaporation）。

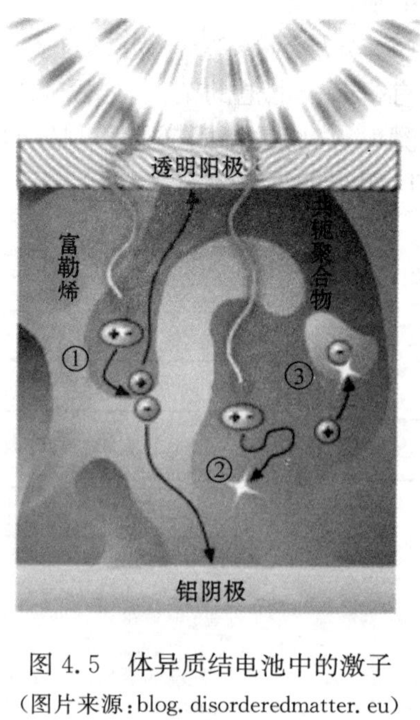

图 4.5　体异质结电池中的激子
（图片来源：blog. disorderedmatter. eu）

体异质结的优势是，激子在扩散长度内，就能到达施主材料和受主材料的界面，尽可能多地分离激子，但是其劣势是，由于受主材料变薄，激子分离后，受主材料对电子吸收能力变差。

体异质结中，产生了激子后，有 3 种结果，如图 4.5 所示：

（1）入射光激发激子，扩散到施主材料和受主材料的界面，分离为电子-空穴对。电子在外电场下到达负极，产生光生电流，如图 4.5①所示。

（2）相当一部分激子没能在扩散长度内到达施

主材料和受主材料的界面，产生复合，放出荧光，如图 4.5②所示。

(3) 还有一部分激子分离为电子-空穴对后，没有能到达电极，回到施主材料和受主材料的界面产生复合，放出荧光，如图 4.5③所示。

在双层膜电池中，只有施主材料和受主材料之间的分界平面上可以产生激子的分离，而在体异质结电池中，施主材料和受主材料的界面是不规则的，分布在整个吸收层内部。结果，体异质结电池的短路电流比双层膜电池高几个数量级。

从更广泛的角度讲，施主-受主界面有 4 种形式，如图 4.6 所示。

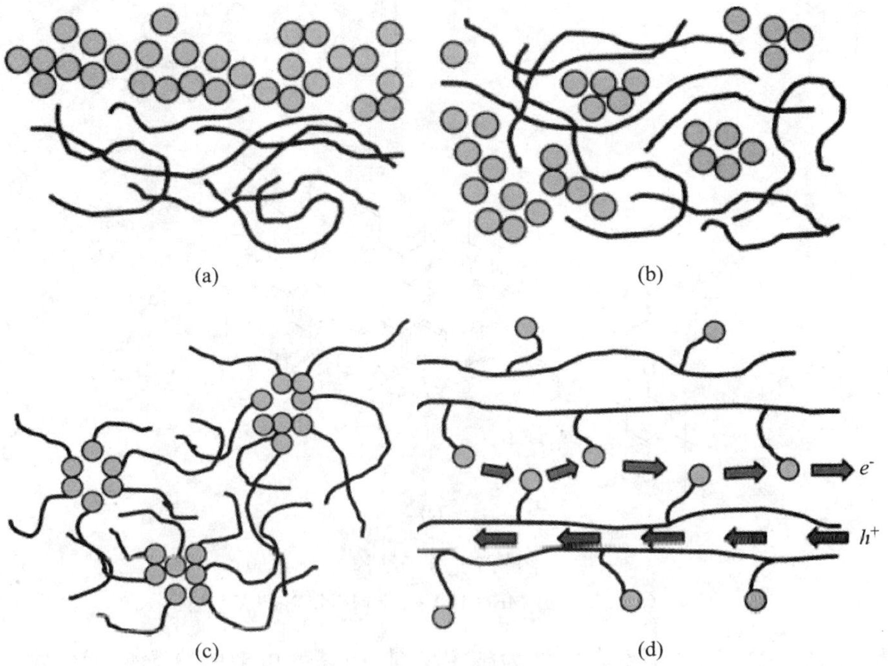

图 4.6 施主-受主界面的 4 种形式

(a)双层膜异质结；(b) 体异质结；(c) 分子异质结(molecular heterojunction)；

(d)双缆型聚合物(double cable polymer)

(图片来源，参考文献[1])

不掺杂的共轭聚合物在光照下是施主材料，聚合物的骨干(polymer backbone)传导电子[5]。可溶的共轭聚合物非常适合制备大面积有机电池，因为可以运用湿印技术(wet printing technique)降低设备和原材料的成本。可供选择的聚合物，见表 4.1。

表 4.1 可选择的共轭聚合物施主材料

中文名	英文简称	英 文 名
聚对苯乙烯	PPV	poly(p-phenylene vinylene)
	MEH-PPV	poly[2-methoxy-5-(20-ethylhexoxy)-1,4-phenylenevinylene]
	OC_1C_{10}－PPV	poly[2-methoxy-5-(30,70-dimethyloctyloxy)-p-phenylenevinylene]
聚烷基噻吩	PAT	poly(alkyl-thiophene)
	P3HT	poly(3-hexylthiophene)

PPV、MEH-PPV 和 MEH-CN-PPV 的分子结构如图 4.7 所示。

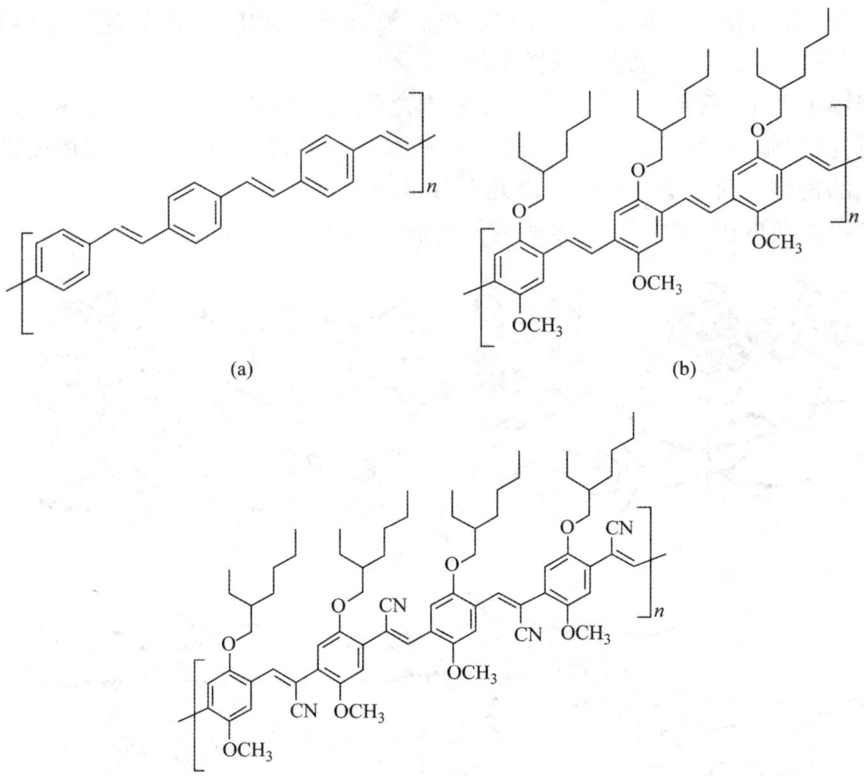

图 4.7 分子结构

(a)PPV；(b) MEH-PPV；(c) MEH-CN-PPV

美国 Konarka 公司用共轭聚合物作为施主材料、用高度可溶的富勒烯衍生物作为受主材料，在塑料衬底上制备体异质结柔性电池，转换效率达 5.21%，电池面积 1.024cm^2。

分子异质结电池的转换效率也相当高[6]。另外，共轭嵌段共聚物(conjugated block copolymer)通过能级优化，可以减小光子、激子和载流子的损耗，具有一定的开发潜力[7]。

4.3 有机柔性电池的优化

人们希望具有成本优势的有机电池提高性能后，得到更广泛的应用，因此在体异质结电池的概念被提出之后，涌现出不少优化有机电池的方法。退火工艺和选择合适的溶剂，都可以改善吸收层结构，促进激子的分离和载流子输运。通过退火工艺，转换效率可以从 0.5%直接提高到 3%[8]。在烷烃双硫醇(alkane dithiol)溶剂中，制备聚噻吩-富勒烯(polythiophene-fullerence)电池，转换效率达到 5.8%[9]。

为了提高有机电池的转换效率，需要开发新型施主材料和受主材料，以满足：

(1) 结构整齐，便于载流子的输运；

(2) 尽可能地扩展吸收光谱。

在大多数情况下，只有施主材料吸收入射光，如果受主材料也可以同时吸收入射光，将有效地提高转换效率。通过改变施主材料和受主材料的能级,可以减小载流子输运过程中的能量损失。

通过 Shockley-Queisser 转换效率极限理论的计算,得到无机电池转换效率和带隙的关系,如图 4.8 所示。目前,还没有非常完备的理论来描述有机电池的特性,但是可以根据以下假设进行计算[10]:

(1) 量子效率为 100%;

(2) 填充因子为 80%;

(3) 吸收层厚度 200nm 或 400nm;

(4) 复合强度(recombination strength)γ 为 $10^{-15}\mathrm{m^3/s}$ 或 $10^{-18}\mathrm{m^3/s}$;

(5) 带隙减去 0.3eV 的激子结合能。

计算结果表明,有机电池的转换效率低于无机电池。为了实现最理想的转换效率,需要开发吸收光谱更宽的施主材料和受主材料。

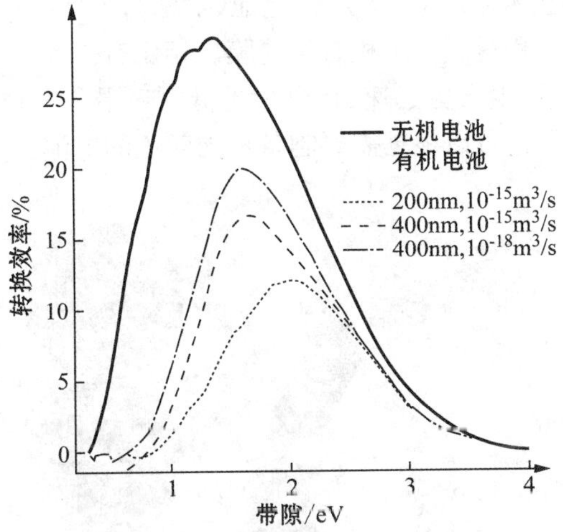

图 4.8 无机电池和有机电池的转换效率和带隙关系
(图片来源:log. disorderedmatter. eu)

提高材料本身的光吸收能力,并不是优化有机电池性能的唯一途径。还可以制备多结的叠层电池结构,不同 p-n 结的不同吸收材料,可以分别吸收不同波段的入射光,甚至可以吸收紫外光和红外光。在双结有机电池结构中,两个 p-n 结分别吸收入射光,产生载流子,并形成各自的开路电压,如图 4.9 所示。

两个 p-n 结是串联关系,相互影响。p-n 结 1 中产生的载流子,被中间的 ITO 复合层(ITO recombination layer)收集,再注入 p-n 结 2。电池总的开路电压,是两个 p-n 结开路电压之和。总的短路电流,是两个 p-n 结短路电流中较小的。

(1) 开路电压:$V_{OC}=V_{OC1}+V_{OC2}$;

(2) 短路电流:$I_{SC}=\min(I_{SC1},I_{SC2})$。

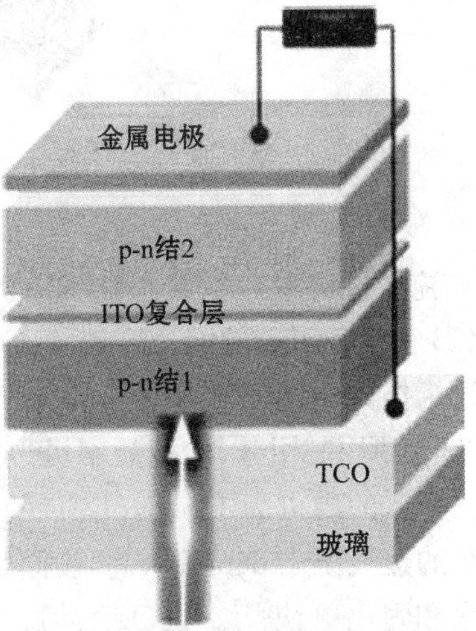

图 4.9 双结的叠层有机电池结构
(图片来源:blog. disorderedmatter. eu)

这样的双结叠层电池，实现了6.5%的转换效率[11]。正电极为镀有ITO的导电玻璃，顶电池的材料为PCPDTBT-PC60BM，复合层为TiO_x和PEDOT-PSS的混合物，底电池为P3HT-PC70M，负电极为TiO_x和铝的混合物。通过调节两个p-n结的厚度，可以优化光生电流。

4.4 卷对卷技术

有机柔性太阳能电池的潜力很大。和晶体硅电池相比，有机电池生产更容易、成本更低、质量更轻、在建筑上更容易集成[12]。

异质结的柔性电池非常适合喷墨印刷(inkjet printing)技术，满足大规模生产的要求。2008年3月，Konarka展示了用卷对卷喷墨印刷技术制备的高效有机柔性电池，如图4.10所示。相比半导体产业中使用的超净室旋涂工艺，这种卷对卷技术的突破，大大降低了有机电池的原材料损耗[13]。Nanosolar用卷对卷技术生产CIGS柔性电池(参见3.3节)。Konarka同样使用卷对卷技术生产有机柔性电池，在大面积衬底上沉积有机薄膜。相比有很多工序的晶体硅电池制造，卷对卷的设备更廉价、工艺更简单、生产更迅速、耗电量更低。喷墨印刷技术不但可以在各种材质的柔性衬底上制备聚合物薄膜，还可以根据需要制备不同颜色的电池。

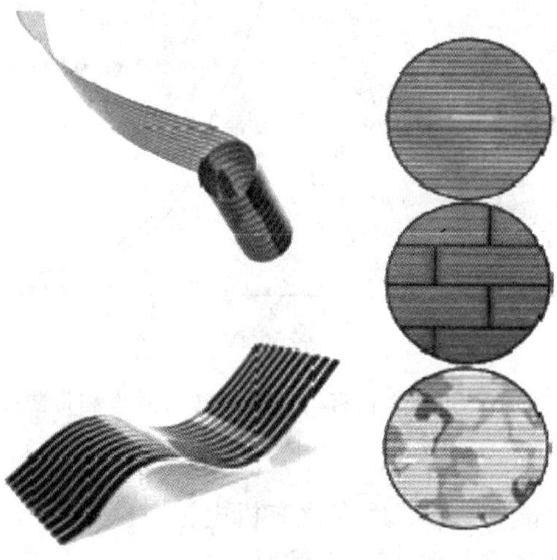

图4.10 卷对卷技术制备的有机柔性电池
(图片来源：Konarka)

施主材料用共轭聚合物RR-P3HT，受主材料用富勒烯衍生物PCBM，溶剂用四氢化萘或oDCB和均三甲苯的混合溶剂，ITO缓冲层用PEDOT-PSS，见表4.2。溶剂配方决定了聚合物和富勒烯体异质结的形貌(morphology)和特性。把两种沸点不同的溶剂进行混合，即68%的oDCB和32%的均三甲苯，转换效率可以达到3%[13]。oDCB可以防止喷嘴堵塞，保证墨滴喷射通畅。均三甲苯的沸点为165℃，oDCB的沸点为180℃。相比oDCB或四氢化萘，均三甲苯沸点更低，20℃的蒸气压1.86mm汞高，表面张力也更低。均三甲苯使墨滴在衬底上更容易扩散并聚合，使脱水和固化更快[14]。ITO缓冲层PEDOT-PSS是一种导电率很高的高分子聚合物的水溶液，ITO/PEDOT-PSS双层复合膜，可以增加电流密度。PEDOT是EDOT(3,4-乙撑二氧噻吩单体)的聚合物，PSS是聚苯乙烯磺酸盐，这两种物质在一起极大地提高了PEDOT的溶解性。

表 4.2 有机电池的可行配方

作用		中文名	英文简称	英 文 名
施主材料		共轭聚合物	RR-P3HT	regioregular poly(3-hexylthiophene)
受主材料		富勒烯衍生物	PCBM	[6,6]-phenyl C61 butyric acid methyl ester
溶剂 1		四氢化萘	tetralin	1,2,3,4-tetrahydronaphthalene
溶剂 2	68%	邻二氯苯	oDCB	ortho-dichlorobenzene
	32%	均三甲苯	mesitylene	1,3,5-trimethylbenzene
ITO 缓冲层		聚乙撑二氧噻吩-聚苯乙烯磺酸盐	PEDOT-PSS	poly(3,4-ethylenedioxythiophene)-poly(styrene sulfonate)

在喷墨印刷过程中，选择合适的环境温度和溶剂配方，控制墨滴在衬底上的扩散、聚合、脱水和退火，如图 4.11 所示。喷墨滚筒的温度为 40℃，可以形成均匀的薄膜。

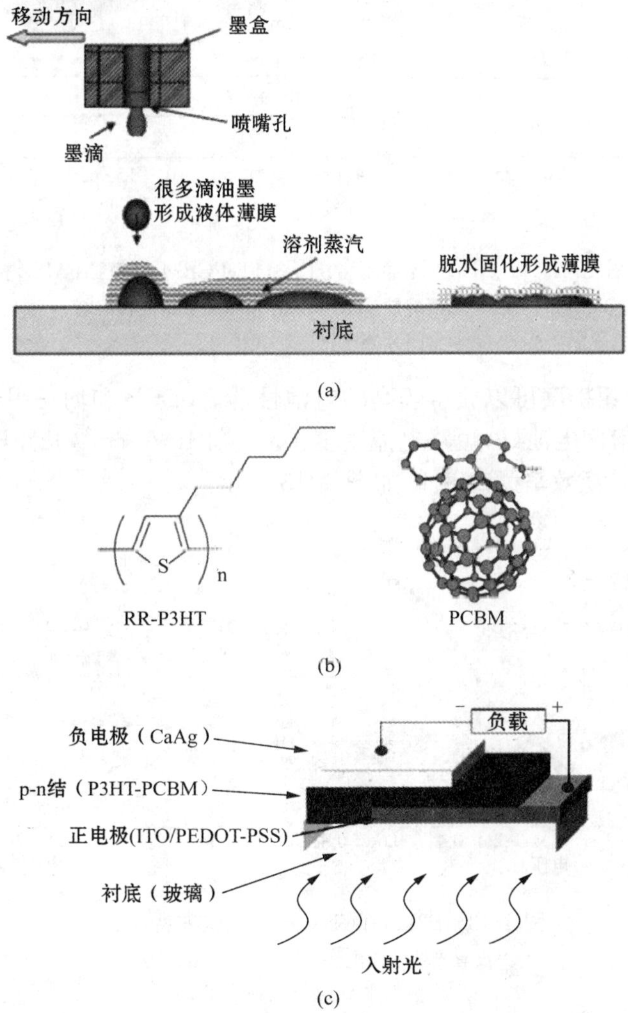

图 4.11 喷墨印刷

(a) 喷墨印刷技术；(b) 施主材料 RR-P3HT 和受主材料 PCBM 的分子结构；

(c) 有机电池的结构

(图片来源：参考文献[13])

通过原子力显微镜(atomic force microscope, AFM)扫描,得到喷墨印刷的 P3HT-PCBM 薄膜形貌,如图 4.12 所示。四氢化萘溶剂比 oDCB 和均三甲苯混合溶剂,脱水和固化更慢,所以晶粒更大、表面更粗糙。四氢化萘溶剂制备的薄膜表面,平均粗糙度达到 21nm,而 oDCB 和均三甲苯混合溶剂仅为 2.6nm。

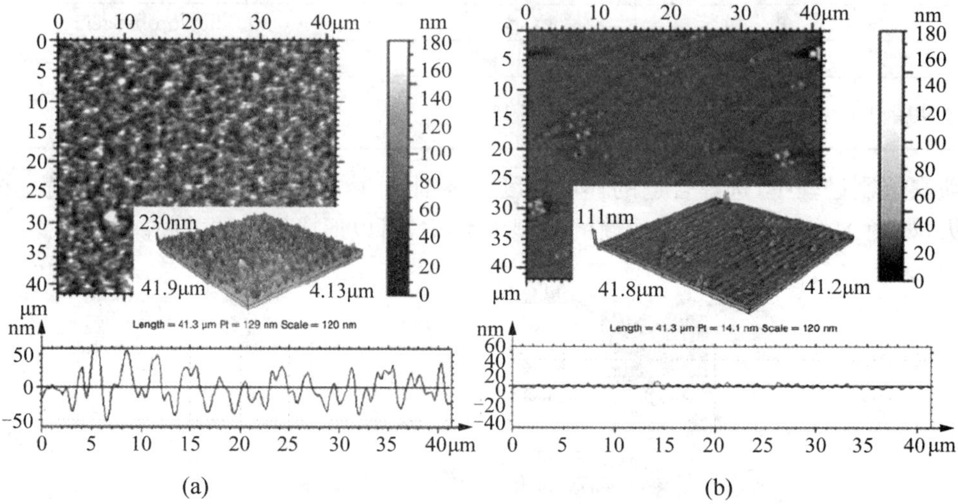

图 4.12 喷墨印刷技术制备的 P3HT-PCBM 薄膜 AFM 形貌

(a) 四氢化萘溶剂;(b) oDCB 和均三甲苯混合溶剂

(图片来源:参考文献[13])

较低的表面形貌粗糙度可以获得较高的电池性能。oDCB 和均三甲苯混合溶剂电池的伏安特性,比四氢化萘溶剂电池好,短路电流密度 J_{SC} 为 8.4mA/cm^2,开路电压 V_{OC} 为 0.54V,填充因子 FF 为 64%,转换效率为 2.9%,如图 4.13 所示。

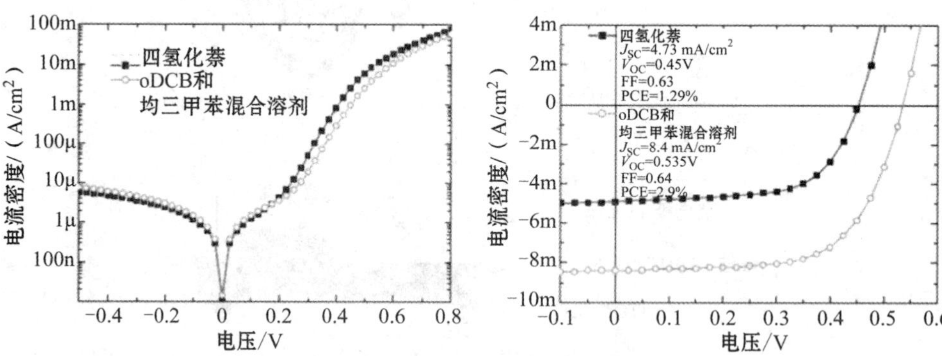

图 4.13 P3HT-PCBM 电池的伏安特性曲线

(a) 没有光照的暗电流;(b) 光照下的光伏作用

(数据来源:参考文献[13])

Konarka 和德国 Leonhard Kurz 公司合作,开发大规模的高速生产技术,通过简单、可靠、节能、环保的工艺,推出 Power Plastic® 柔性电池产品。自行制备共轭聚合物粉末,每炉为几升。使用时,把聚合物粉末溶解在溶剂中,制成油墨溶液,通过喷墨印刷沉积在柔性衬底上。

所用的卷对卷镀膜工艺，类似于狭缝式涂布（slot coating）或挤压式涂布（extrusion coating），如图 4.14 所示。油墨被压力从存储容器中挤出狭缝，喷涂在柔性衬底上，柔性衬底的运动方向和狭缝保持垂直关系。由于油墨的喷涂过程和外界隔绝，可以最大限度地减小污染，也降低了对厂房洁净度的要求，不需要超净室的环境，可以在普通厂房内生产。卷对卷工艺分别沉积不同的薄膜：

（1）半透明的导电 TCO 层，作为正电极；

（2）沉积有机半导体吸收层；

（3）沉积金属负电极；

（4）每沉积一次薄膜，进行一次激光刻划，分割电池，便于串联；

（5）按照客户的功率和电压要求，切割并层压电池。

所有这些薄膜的厚度都很薄。TCO 仅为 100nm 厚，有机半导体吸收层仅为几十 nm 厚。因为厚度薄，所以脱水和固化很快，有效地提高了生产速度。

图 4.14　有机柔性电池的卷对卷技术，类似于报纸印刷工艺

（图片来源：Konarka）

为了保证有机柔性电池的均匀度，卷对卷技术要求：

（1）油墨的浓度、黏稠度和温度稳定；

（2）机械结构精密，保证喷涂的速度和压强稳定；

（3）柔性衬底平整、厚度均匀；

（4）衬底的移动速度稳定；

（5）实时监控并调节各参数；

（6）环境清洁。

实时监控系统包括扫描感应器、反馈控制电路和软件，监控各参数。但是，由于实时监控系统技术要求高，价格相对昂贵。

在制备过程中，还要避免油墨出现泡沫，脱水并固化后形成小孔，这会引起电池短路，降低电池性能。机械运转过程中的发热，会在非晶态的聚合物中引起结晶颗粒，需要进行 110℃的退火，把结晶颗粒变为纳米晶。

卷对卷技术中，狭缝喷涂的方向可以水平、向下或向上，其中水平方向效果最好，向上的效果最差。建议狭缝选择水平方向，喷涂的角度向下微调。

Konarka 希望通过研发，进一步发展卷对卷技术，研发方向包括：

（1）Power Fiber™，把太阳能电池集成于纺织品，如图 4.15 所示；

（2）透明薄膜电池，使用两层透明导电薄膜，安装在窗户上，可以同时吸收室内和室外的入射光，兼顾遮荫和发电的功能，实现更高层次的 BIPV；

（3）叠层电池，实现有机柔性电池 15%的转换效率。

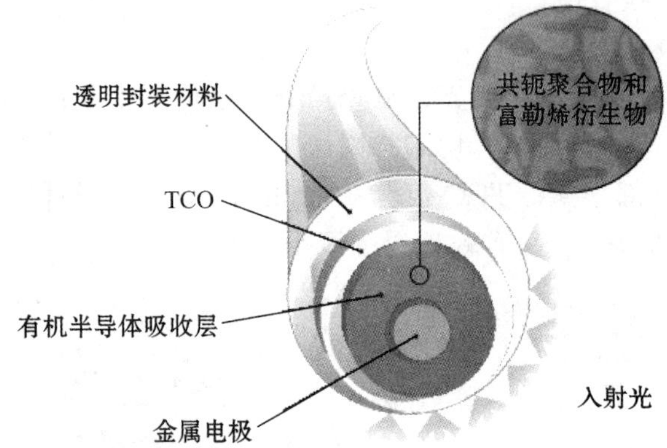

图 4.15　Power Fiber™结构
（图片来源：Konarka）

4.5　涂刷技术

除了卷对卷技术，涂刷（brushing）技术也是一种低成本制备有机柔性电池的方法，如图 4.16 所示。ITO 塑料衬底上镀有 PEDOT-PSS，放置在 50℃的恒温底板上。浸润了聚合物溶液的涂刷，快速扫过衬底，聚合物溶液就是卷对卷技术中的油墨。50℃的温度使溶液快速脱水并固化，形成厚度均匀的 90nm 薄膜。涂刷制备的体异质结电池，其伏安特性优于旋涂等其他印刷技术[15]。

柔性电池的转换效率，受薄膜的均匀度影响很大。涂刷制备的薄膜不但均匀度好，而且均匀度的重复性高。

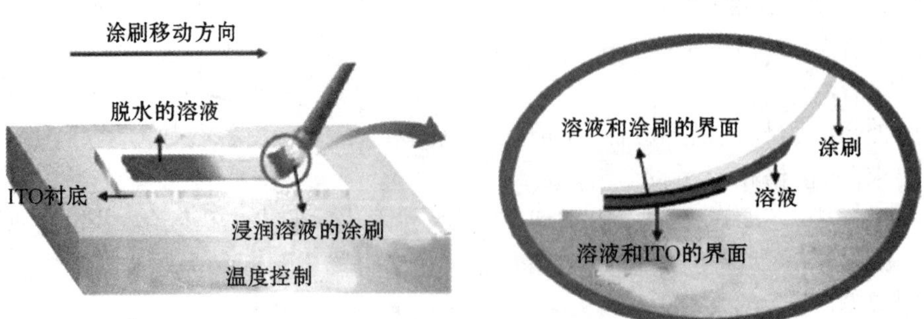

(a)

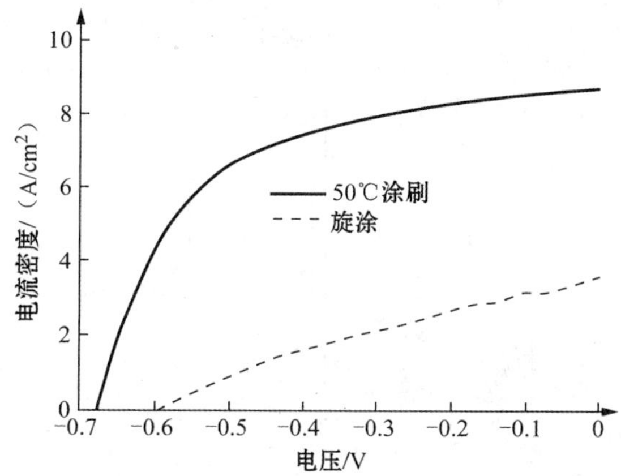

(b)

图 4.16　涂刷技术

(a) 涂刷制备有机柔性的工艺；(b) 分别用涂刷和旋涂技术制备电池的伏安特性比较

（图片来源：参考文献[15]）

溶液作为牛顿流体(Newtonian fluid)，剪应力(shear stress)τ 与黏度系数 ν、速度梯度 Δv 成正比，即 $\tau=\nu\times\Delta v$。涂刷上有两个界面，溶液-衬底的界面和溶液-涂刷的界面，没有溶液和空气接触的自由表面(free surface)。在涂刷过程中，剪应力在聚合物溶液的深度上均匀分布，使链状聚合物排列整齐。

卷对卷、刮片法(doctor blading)、旋涂或浸涂(dip coating)等其他印刷技术中，溶液直接和空气接触，溶液-空气界面为自由表面，$\Delta v=0$，$\tau=0$。Δv 和 τ 随着深度增加，在溶液-衬底界面上，Δv 和 τ 具有最大值，如图 4.17 所示。和这些印刷技术相比，涂刷的剪应力不随溶液的

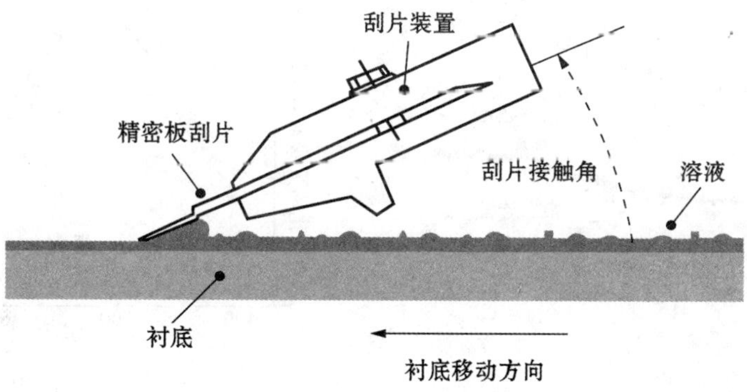

(a)

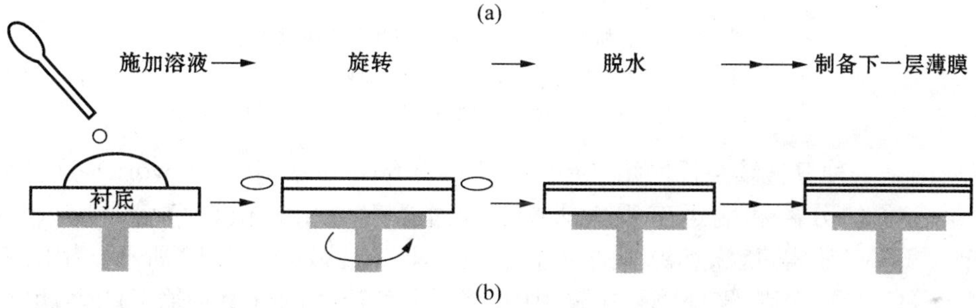

(b)

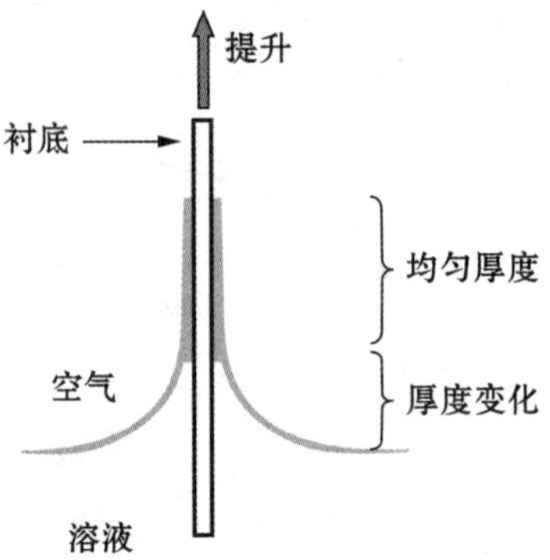

(c)

图 4.17　其他印刷技术

(a) 刮片法；(b) 旋涂；(c) 浸涂

(图片来源：Paul Scherrer Institute)

深度变化，薄膜的厚度更均匀，电池转换效率更稳定。

涂刷必须在 50℃以上的温度进行，才能保证氯苯(chlorobenzene)溶剂快速蒸发，使聚合物排列整齐，薄膜平整均匀。之后，进行 7min 的 110℃退火，使聚合物排列更整齐，改善了载流子的输运，有机电池性能得到提高，$Voc=0.65V$，$Isc=10.61mA/cm^2$，$FF=56.3\%$，$\eta=3.9\%$，如图 4.18 所示。X 射线衍射(X-ray diffraction，XRD)峰值出现在 $2\theta=5.3°$，证明提高了结晶度(crystallinity)，提高了载流子的迁移率，减小了载流子的复合。

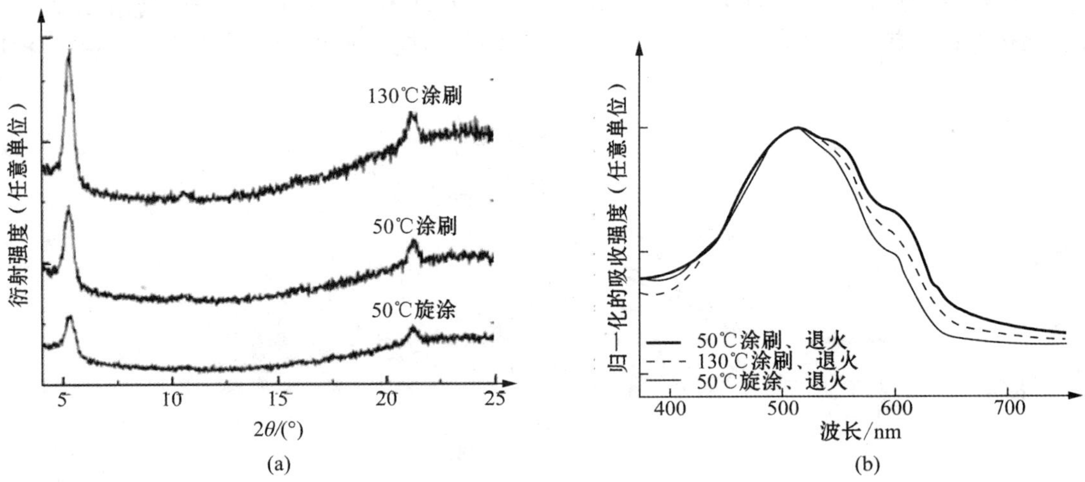

图 4.18　涂刷和旋涂制备的有机半导体吸收层

(a) X 射线衍射谱；(b) 可见光吸收谱

(数据来源：参考文献[15])

体异质结是一种双连续穿插网络(bicontinuous interpenetrating network)，这种纳米结构的形貌对载流子的分离和输运有很大影响。通过透射电子显微镜(transmission electron microscopy，TEM)获得，旋涂和涂刷的双连续穿插网络形貌，如图 4.19 所示。相比 50℃的旋涂和涂刷，经过 130℃涂刷，聚合物分布较集中，降低了载流子的分离和输运能力，填充因子和转换效率并不理想。尽管接近沸点的高温，会使链状聚合物排列得更整齐，但是过高的温度损害了纳米形貌，最终影响电池性能。

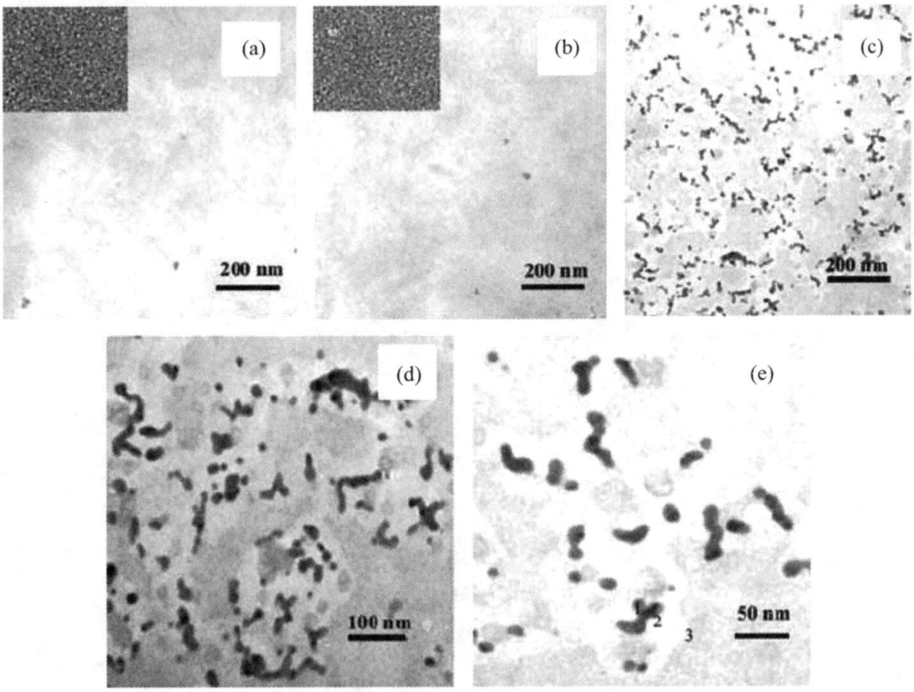

图 4.19 有机柔性电池 TEM 吸收层形貌

(a) 50℃旋涂；(b) 50℃涂刷；(c) 130℃涂刷；

(d)和(e)130℃涂刷、7min110℃退火

(图片来源：参考文献[15])

4.6 有机柔性电池的产业化

在过去十几年中，有机柔性电池转换效率不断地发展，达到 5%，但是仍然只是晶体硅 15%转换效率的 1/5，如图 4.20 所示。1992～2007 年，不断有新的施主-受主材料受到关注：PPV-PCBM、聚合物-聚合物、低带隙聚合物-PCBM、P3HT-PCBM、聚合物-CdSe 和聚合物-氧化物。

虽然这些有机电池的转换效率记录不断地被刷新，但是它们仍然是无序的纳米结构异质结。为了提高电池的性能，现在主要的研究方向有[17]：

(1) 使聚合物<10nm 的纳米结构，排列更加整齐有序，吸收层厚度控制在 300～500nm；

(2) 开发 1eV 的窄带隙聚合物，吸收系数>$10^5 cm^{-1}$，载流子迁移率>$10^{-4} cm^2 V^{-1} s^{-1}$；

(3) 调节带隙，减小施主-受主界面的能量损失。

Konarka 推出的世界上第一块有机柔性电池 Power Plastic®，面积 $10cm^2$，转换效率达到 5%左右，寿命达到 10 年以上，如图 4.21 所示。

Power Plastic®的吸收光谱以短波长为主，长波长的红光和红外光几乎不吸收，如图 4.22 所示。

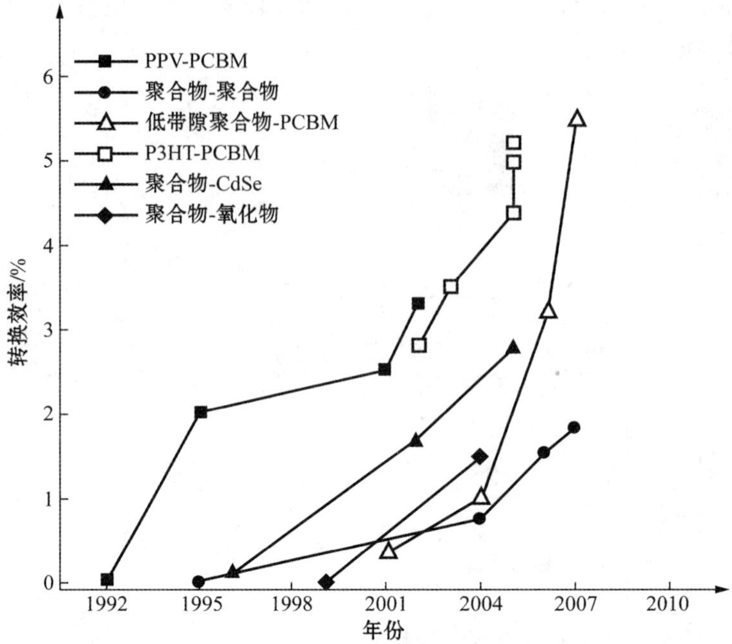

图 4.20　有机柔性电池的发展历程

（数据来源：参考文献[16]）

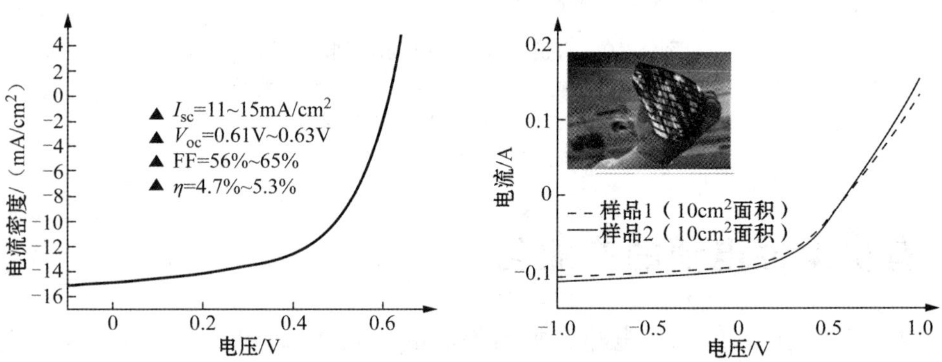

(a)　　　　(b)

图 4.21　第一片产业化的有机柔性电池

(a) 转换效率 5%左右；(b) 面积 10cm^2

（数据来源：Konarka）

值得一提的是，美国加州大学圣巴巴拉分校（University of California，Santa Barbara）的 Alan J. Heeger 教授，是 Konarka 的联合创始人和首席科学家，Heeger 教授因为发明了导电聚合物，而获得了 2000 年的诺贝尔化学奖。

Konarka 的有机柔性电池 Power Plastic®，采用卷对卷技术，先在塑料衬底上印刷负金属电极，再印刷聚合物吸收层，然后制备透明正电极和透明封装层，总厚度仅为 50～250μm，如图 4.23 所示。

Power Plastic®有机柔性电池的优势，不在于转换效率，而在于其独特的成本和性能优势：

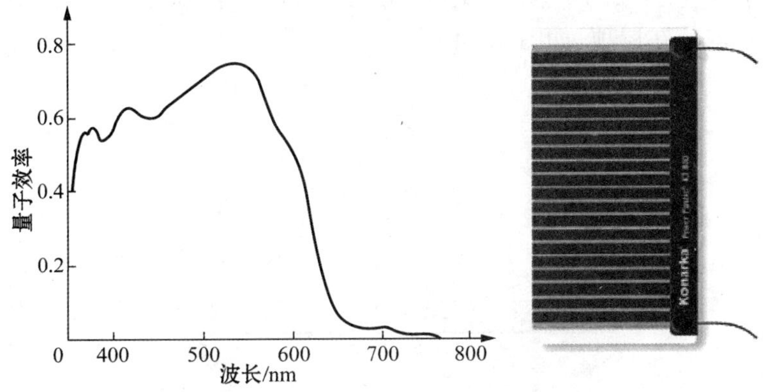

图 4.22 Power Plastic® 的太阳光吸收光谱

（数据来源：Konarka）

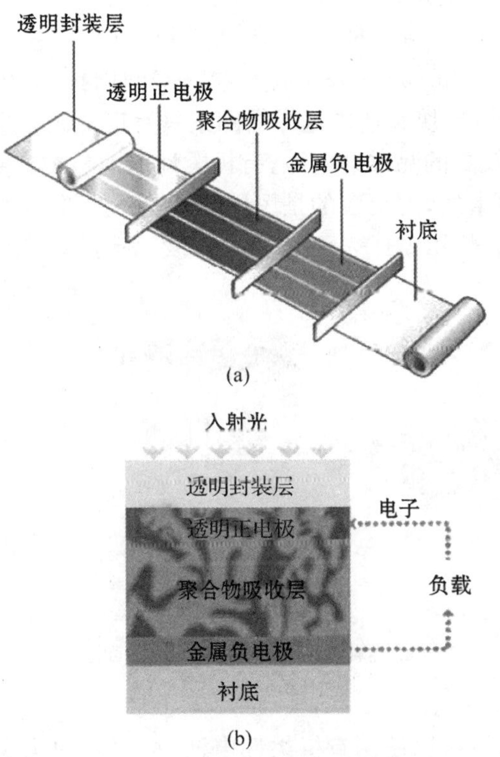

图 4.23 Power Plastic® 的结构

(a) 斜视图； (b) 结构图

（图片来源：Konarka）

(1) 成本低，是晶体硅电池组件的 1/5；

(2) 重量轻，仅为 $50g/m^2$；

(3) 表面可以制备成各种的颜色、图形，并按照需求剪切成各种形状；

(4) 可弯曲，可以粘贴在各种物体的表面；

(5) 可以收集垂直方向±70°内的太阳光,所以在 BIPV 的应用中,可以安装在房屋侧面,而晶体硅电池只能安装在屋顶,如图 4.24 所示。

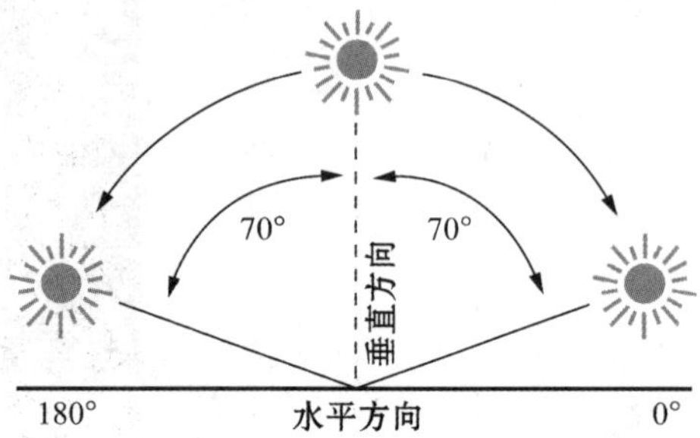

图 4.24　Power Plastic® 可以收集垂直方向±70°内的太阳光
(图片来源:Konarka)

很多便携式发电的应用,并不一定要求有很高的转换效率。满足了总功率和成本的条件后,柔性电池可以集成于许多创新的产品。2006 年,美国陆军和美国空军采购了 Konarka 的有机柔性电池 Power Plastic®,制成便携式充电器和充电帐篷。之后,美国陆军把 Power Plastic® 制成迷彩发电建筑。Konarka 采用卷对卷喷墨印刷技术,可以根据需要,制备不同颜色和图案的 Power Plastic®,砖块和迷彩这样的图案具有广泛的军事用途。

不同于转换效率相对较高的晶体硅电池,有机柔性电池根据自身特性,发展了许多新颖应用方向,这些应用可以是军事的,但更多的是民用的。有机柔性电池为太阳能台灯的设计提供了多种选择,可以是卷轴型、灯罩型或表面型,如图 4.25 所示。

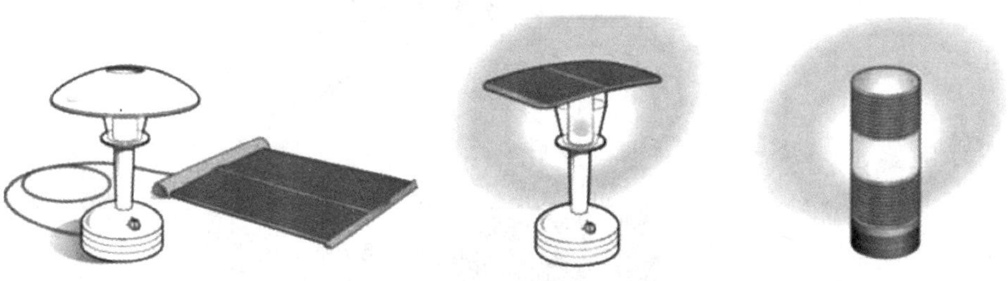

(a)　(b)　(c)

图 4.25　太阳能台灯
(a) 卷轴型; (b) 灯罩型; (c) 表面型
(图片来源:Konarka)

便携式太阳能充电器,也可以使用有机柔性电池,可以随时为手机、MP3、笔记本电脑、数码相机等小电器充电,如图 4.26 所示[18]。

Konarka 采用的商业模式,并不是直接面对终端市场,而是广泛地和不同的企业合作,共同开发有机柔性电池的应用产品。Konarka 根据产品特性,进入太阳能电池的细分市场,几乎不和众多的电池组件企业构成竞争。Konarka 和美国 Air Products 公司合作,开发太阳能窗户。Konarka 还和美国 SKYShades 公司,共同开发 Power Plastic® 制成的天棚,如图 4.27 所示。

拥有私家游艇,是西方富有阶层的标志之一。近年来,太阳能帆船是私家游艇的一大发展

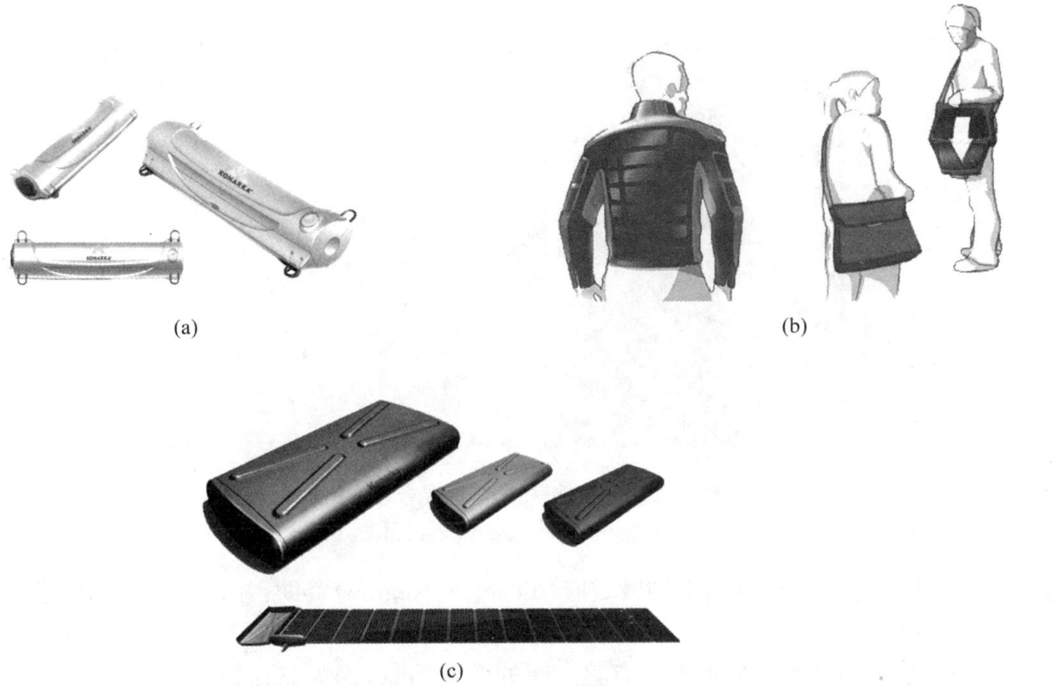

图 4.26 便携式充电器
(a) 卷轴型；(b) 背包型；(c) 折叠型
(图片来源：Konarka)

图 4.27 Power Plastic® 可以集成于天棚
(图片来源：SKYShades)

趋势，结合了环保、科技、休闲的理念，潜在市场巨大。在意大利附近的地中海，有一艘柴油机和太阳能混合动力帆船，如图 4.28 所示。甲板上安装有晶体硅电池，船帆上集成了含有聚合物和碳纳米管的有机柔性电池。有机柔性电池在各种海上的恶劣气候下，都能保持性能稳定，为帆船提供充足的动力。这艘太阳能帆船，是意大利纺织企业 Michelangelo Calamai & Figli

图 4.28　柴油机和太阳能混合动力帆船
(图片来源:Michelangelo Calamai & Figli)

的 SIEP 项目,由意大利的托斯卡纳区政府(Tuscany Region)资助,并得到意大利佩鲁贾大学(University of Perugia)土木工程系的技术指导。

总而言之,有机柔性太阳能电池有着光明的商业前景,因为它在原材料、器件性能和生产技术上都有着优越的特点[16]。随着有机柔性电池的产业化,其研发的投入也会进一步加强,以完善性能。在不久的将来,有机柔性电池必将成为太阳能电池家族中重要的一员。

参 考 文 献

[1] Spanggaard, H. and Krebs, F. C. A brief history of the development of organic and polymeric photovoltaics [J]. Solar Energy Materials and Solar Cells, 2004, 83: 125.

[2] Tang, C. W. Two-layer organic photovoltaic cell [J]. Applied Physics Letters, 1986, 48: 183.

[3] Granstrom, M., Petritsch, K., Arias, A. C., Lux, A., Andersson, M. R. and Friend, R. H. Laminated fabrication of polymeric photovoltaic diodes [J]. Nature, 1998, 395: 257.

[4] Yu, G., Gao, J., Hummelen, J. C., Wudl, F. and Heeger, A. J. Polymer Photovoltaic Cells: Enhanced Efficiencies via a Network of Internal Donor-Acceptor Heterojunctions [J]. Science, 1995, 270: 1789.

[5] Coakley, K. M. and McGehee, M. D. Conjugated polymer photovoltaic cells [J]. Chemistry of Materials, 2004, 16: 4533.

[6] Kim, Y., Cook, S., Tuladhar, S. M., Choulis, S. A., Nelson, J., Durrant, J. R., Bradley, D. D. C., Giles, M., McCulloch, I., Ha, C. S. and Ree, M. A strong regioregularity effect in self-organizing conjugated polymer films and high efficiency polythiophene: fullerene solar cells [J]. Nature Materials, 2006, 5: 197.

[7] Sun, S.-S., Zhang, C., Ledbetter, A., Choi, S., Seo, K. and Bonner, C. E., Jr. Photovoltaic enhancement of organic solar cells by a bridged donor-acceptor block copolymer approach [J]. Applied Physics Letters, 2007, 90: 043117.

[8] Padinger, F., Rittberger, R. S. and Sariciftci, N. S. Effects of postproduction treatment on plastic

solar cells [J]. Advanced Functional Materials, 2003, 13: 85.

[9] Peet, J., Kim, J. Y., Coates, N. E., Ma, W. L., Moses, D., Heeger, A. J. and Bazan, G. C. Efficiency enhancement in low-bandgap polymer solar cells by processing with alkane dithiols [J]. Nature Materials, 2007, 6: 497.

[10] Deibel, C. Notes on Disordered Matter [EB/OL]. Carsten Deibel, March 2008. http://blog.disorderedmatter.eu.

[11] Kim, J. Y., Lee, K., Coates, N. E., Moses, D., Nguyen, T.-Q., Dante, M. and Heeger, A. J. Efficient tandem polymer solar cells fabricated by all-solution processing [J]. Science, 2007, 317: 222.

[12] Brabec, C. J., Sariciftci, N. S. and Hummelen, J. C. Plastic solar cells [J]. Advanced Functional Materials, 2001, 11: 15.

[13] Hoth, C. N., Choulis, S. A., Schilinsky, P. and Brabec, C. J. High photovoltaic performance of inkjet printed polymer: fullerene blends [J]. Advanced Materials, 2007, 19: 3973.

[14] Hoppe, H., Niggemann, M., Winder, C., Kraut, J., Hiesgen, R., Hinsch, A., Meissner, D. and Sariciftci, N. S. Nanoscale morphology of conjugated polymer/fullerene-based bulkheterojunction solar cells [J]. Advanced Functional Materials, 2004, 14: 1005.

[15] Kim, S.-S., Na, S.-I., Jo, J., Tae, G. and Kim, D.-Y. Efficient Polymer Solar Cells Fabricated by Simple Brush Painting [J]. Advanced Materials, 2007, 19: 4410.

[16] Mayer, A. C., Scully, S. R., Hardina, B. E., Rowell, M. W. and McGehea, M. D. Polymer-based solar cells [J]. Materials Today, 2007, 10: 28.

[17] Brabec, C., Dyakonov, V. and Scherf, U. Organic Photovoltaics: Materials, Device Physics, and Manufacturing Technologies [M]. Weinheim: Wiley-VCH, 2008.

[18] Graham-Rowe, D. Solar cells get flexible [J]. Nature Photon, 2007, 1: 433.

5　染料敏化柔性太阳能电池

5.1　概论

树叶的功能是把太阳光和 CO_2 转换为碳水化合物和 O_2。叶子通过光合作用(photosynthetic process)，对整个太阳光谱转换，非常高效，几乎没有产生多余的热量，转换效率接近 100%，如图 5.1 所示。这种对太阳光的收集和利用，在人类制造的第一片太阳能电池开始工作之前，已经进行了亿万年，是地球上所有动植物繁衍生息的基础，也是人类工业文明所耗用传统化石传统能源的基础。

在树叶的光合作用中，光子和电子高度和谐，以波的形式传递能量，光合作用络合物(photosynthetic complex)在很大的相空间中，寻找并实现最有效的能量转换途径，如图 5.2 所示。通过光谱仪对细菌叶绿素(bacteriochlorophyll)进行量子力学层面的研究，人们发现，光合作用中光子能量的吸收和转换，仅需要 660fs 的时间。通过选择性吸收过程，光合作用实现将近 100%的转换效率。传统的晶体硅太阳能电池的转换效率不到 20%，和光合作用比较，晶体硅电池远不能做到绿叶的智能和有效。

图 5.1　树叶的光合作用
(图片来源：University of Edinburgh)

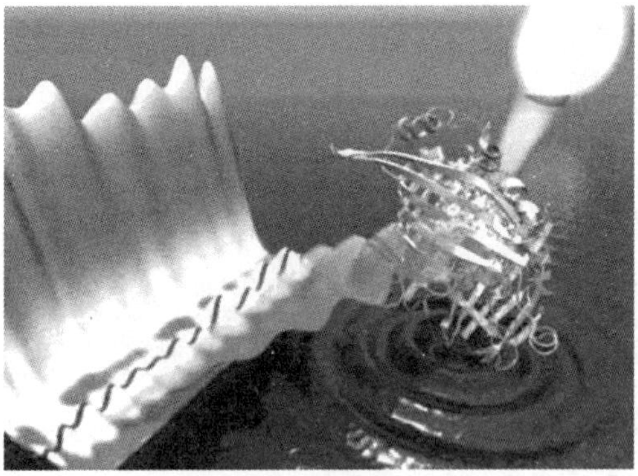

图 5.2　FMO 蛋白中的细菌叶绿素吸收太阳光
(图片来源：劳伦斯伯克利国家实验室)

科学家对光合作用的研究日益深入，并希望由此生成新的能源。一种方法是通过模拟光合作用，产生氢气，制备燃料电池(fuel cell)。燃料电池 80%的效率，要比内燃机 20%的效率高得多。

早在 20 世纪 70 年代，人们就希望通过模拟光合作用，开发出新型太阳能电池。那时，人们在半导体晶体材料二氧化钛(titanium dioxide, titania, TiO_2)表面,包裹一层叶绿素(chlorophyll)染料。虽然提出了染料敏化太阳能电池(dye-sensitized solar cell,DSC)的概念,但是由于电子在叶绿素中输运困难,转换效率只有 0.01%。

直到 1991 年,瑞士化学家 Michael Grätzel 运用纳米技术,才推动了染料敏化电池的实质性发展,如图 5.3 所示。Grätzel 把大颗粒的 TiO_2 晶体,替换成直径 20nm 的小颗粒海绵状 TiO_2,外层包裹染料薄层,形成 10μm 厚的光学透明薄膜。第一次制备的染料敏化电池,转换效率就已经达到 7.1%,电流密度达到 $12mA/cm^2$[1]。而现在,染料敏化电池转换效率的世界纪录是 11%。

染料敏化柔性电池,可以通过卷对卷技术生产,其 7%的转换效率,是有机电池的 2 倍。染料敏化电池的成本和有机太阳能电池相似,为 \$0.6/Wp,是 \$3/Wp 晶体硅电池的 1/5,如图 5.4 所示。

图 5.3 Grätzel 教授
(图片来源:G24 Innovation)

图 5.4 染料敏化电池
(图片来源:Tecknow Magazine)

树叶的光合作用可以在光线较弱的条件下进行,模拟光合作用的染料敏化电池,弱光性也比传统的晶体硅电池要好。由于弱光性好,色彩丰富,适合 BIPV 的应用,使建筑设计更加美观。作为光伏玻璃幕墙,可以同时吸收室内和室外的光线,并起到隔热和隔音的作用,如图 5.5 所示[2]。

晶体硅电池的输出功率随温度升高而降低,但是染料敏化电池恰恰相反,功率随温度升高而升高,如图 5.6 所示。

2003 年,澳大利亚 Dyesol 公司实现了染料敏化电池的产业化。Dyesol 公司的染料敏化电池组件,对电池单元进行串联和并联,用 2 片玻璃和防紫外聚合物封装[4]。Dyesol 为 BIPV 设计了 2 种组件,光伏玻璃幕墙和光伏瓦片,并有红色、黄色、绿色、蓝色和灰色等多种颜色供选择,如图 5.7 所示。

2007 年,英国 G24 Innovations 公司使用卷对卷技术生产染料敏化电池,生产基地设在威尔士,2007 年的产能为 25MW,计划数年后扩产为 200MW[5]。组件厚度<1mm,并推出便携式太阳能充电器,可以在室内或室外,为手机、笔记本电脑、mp3、数码相机充电,如图 5.8 所

图 5.5　巴塞罗那的染料敏化电池玻璃幕墙

（图片来源：肖特）

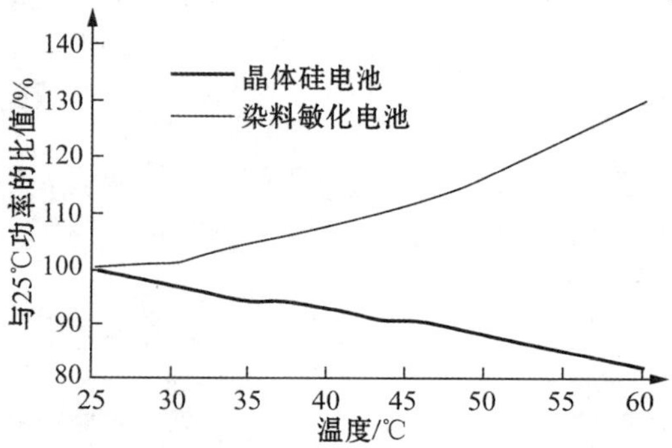

图 5.6　晶体硅电池和染料敏化电池，输出功率和温度的关系

（数据来源：参考文献[3]）

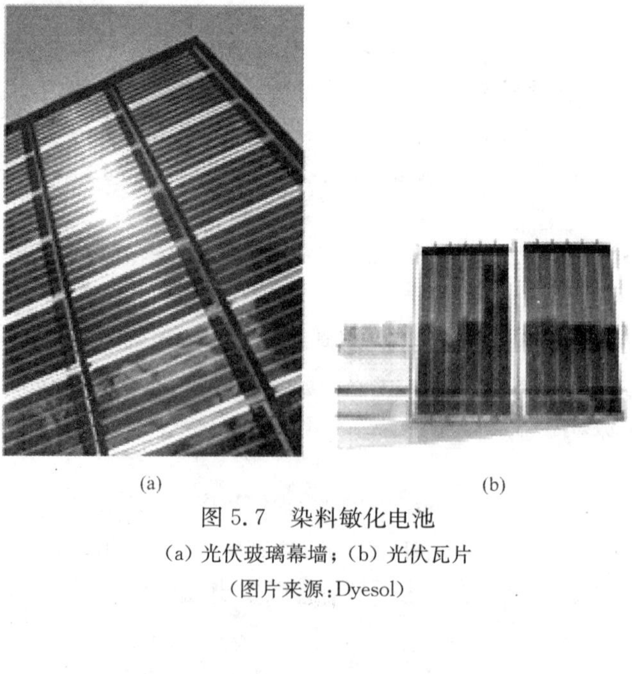

(a)　(b)

图 5.7　染料敏化电池

(a) 光伏玻璃幕墙；(b) 光伏瓦片

（图片来源：Dyesol）

示。G24 的意思是，该公司的产品可以 24 小时工作。所以，染料敏化电池优良的弱光性，使其不但是太阳能电池，还是"月亮能"电池，"太阳能发电，月亮也能发电"。

图 5.8 染料敏化电池的便携式太阳能充电器

（图片来源：G24 Innovations）

世界上还有一些公司，正在进行染料敏化电池的研发和生产。包括瑞士的 Solaronix 和日本的索尼、夏普、三菱、东芝、Dai Nippon 、丰田-爱信精机。索尼和夏普已经开发出了专利保护的染料敏化电池技术和产品，具有各种颜色，并有柔性电池和玻璃衬底的薄膜电池两种封装形式。

以色列 3GSolar 公司，即原 Orion Solar 公司，开发了低成本的染料敏化电池。3GSolar 在塑料衬底上，把 TiO_2 沉积在海绵状结构中[6]。组件尺寸 15cm×15cm，适合热带地区的高温环境使用，如图 5.9 所示。

图 5.9 塑料衬底的染料敏化电池

（图片来源：3GSolar）

2005 年，全世界共有>300 个关于染料敏化电池专利。近年，也有一系列关于染料敏化电池产业化的国际会议，参见 www. dyesol. com/conference。

5.2 染料敏化电池的原理

在染料敏化电池的结构中，光敏剂(photosensitizer)通过羧基(carboxyl，- COOH)、磷酸基(phosphonic acid，$-PO_3H_2$)或硼酸基(boronic acid $-B(OH)_2$)功能团，覆盖在 TiO_2 颗粒表面，形成电荷转移络合物(charge transfer complex)，再浸泡在氧化还原介体(redox mediator)溶液中，TCO 玻璃和金属衬底分别作为阴极和阳极，如图 5.10 所示[7]。光敏剂吸收入射光，基态的 S°中的电子被激发到高能态 S^*，在 fs 到 ps 时间内，光敏剂中的电子进入 TiO_2 的导带，光敏剂失去电子，被氧化，成为 S^+。氧化还原介体从金属阳极得到电子，再对光敏剂提供电子，使之还原，回到 S°。TiO_2 导带上的自由电子，通过 TCO 阴极和电路，来到金属阳极，2 个电极之间形成电流，驱动电路中的负载。

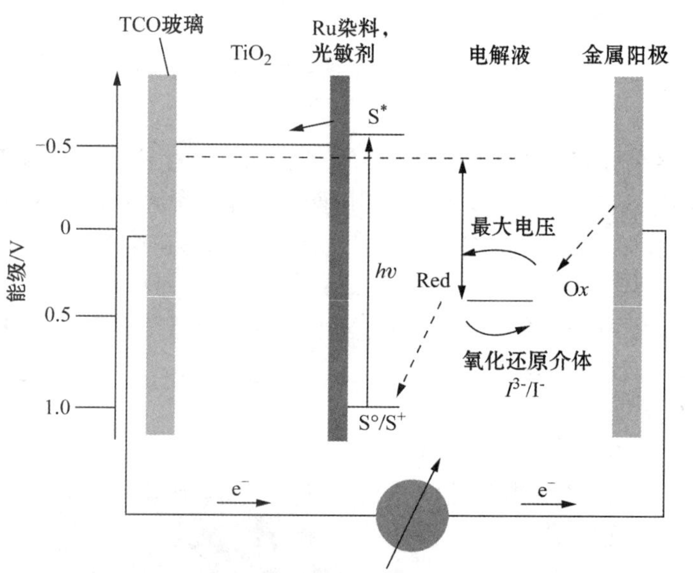

图 5.10 染料敏化电池的结构
(图片来源：参考文献[8])

TiO_2 多孔膜有非常多的小孔，粗糙系统(roughness factor)超过 1 000，也就是说，1cm² TiO_2 膜的实际表面积为 1 000 cm²，这样的表面可以最大限度地固定染料和吸收入射光。光敏剂是具有寡聚吡啶配体(oligo pyridine)的钌(ruthenium，Ru)染料，性能较好的是 2 个异硫氰根配体(NCS- ligand)和 2 个取代联吡啶配体(substituted bpy ligand)，在可见光波段具有很高的吸收率。N3 又称为 Ruthenium 535，带隙很宽，是常用的染料光敏化剂，如图 5.11 所示。Ru 染料的吡啶系配位具有羧基—COOH，与 TiO_2 表面的羟基(hydroxyl，-OH)结合成脂，Ru 染料与 TiO_2 固定。氧化还原介体溶液是溶解于乙腈(acetonitrile)的 I^{3-}/I^-。

染料敏化电池的原理有一些与众不同，因为其他大多数太阳能电池的半导体吸收层，既吸收入射光，又输运载流子，而染料敏化电池由 2 种物质分别实现这 2 个功能。作为光敏剂的

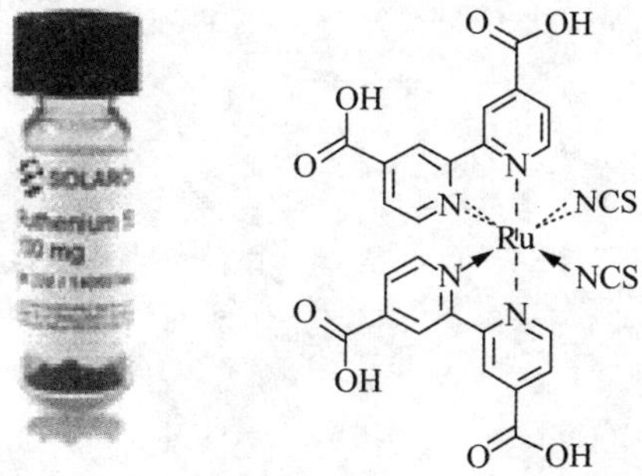

图 5.11　Ru 染料光敏化剂 N3

(图片来源：Solaronix)

Ru 染料掺杂在 TiO_2 半导体颗粒表面。Ru 染料吸收入射光，发生电子跃迁，之后没有直接把电子输运到电极，而是注入到 TiO_2 的导带。TiO_2 再把电子输运到电极，起到输运载流子的作用[9]。

电子从受激发的染料 S^* 注入 TiO_2 导带需要 0.4ps，I^- 离子还原被氧化的染料 S^+ 需要 100ps，都远快于 TiO_2 的电子还原被氧化的染料 S^+ 需要的 0.2～9ms，所以产生的电子可以被有效地输运。改善染料 TiO_2 界面，减小电子复合，是现在染料敏化电池研究的重点。电子从 TiO_2 导带输运到电路，需要 0.1～5ms，这一数值越小，电流损失越小，如图 5.12 所示[10]。

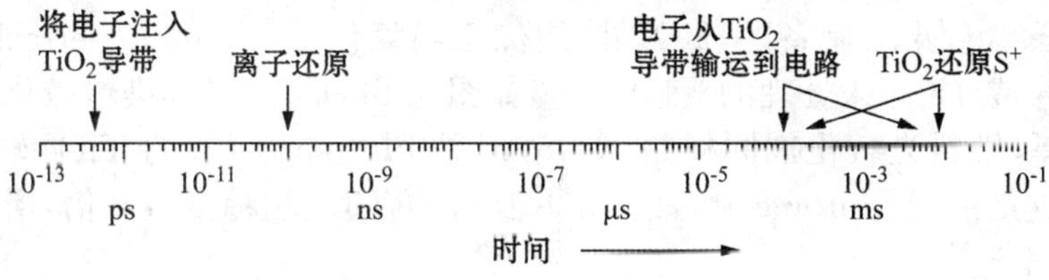

图 5.12　电子在染料、TiO_2 导带、电极之间的输运的寿命

(数据来源：参考文献[11])

TiO_2 半导体材料成本低廉、无毒环保、供应丰富。锐钛矿相(anatase phase)的纳米晶 TiO_2，用 Pluronic 嵌段共聚物 P123 的胶束模板，由溶胶凝胶法(sol-gel-hydrothermal process)制备[12]。400～500℃的退火去除了残留的胶体，加固了 TiO_2 的多孔结构。锐钛矿相纳米晶 TiO_2 薄膜厚度 5～20μm，孔隙率为 50%～75%，TiO_2 颗粒直径 15～30nm，孔隙平均直径 15nm，如图 5.13 所示。染料和电解液在孔隙中流动，可以和 TiO_2 充分地接触。TiO_2 的多孔结构的粗糙系数>1 000，使孔隙中的染料更好地吸收入射光。

TiO_2 是一种应用广泛的材料，在牙膏、防晒霜、白色油漆等日化产品的成分中，都有 TiO_2，其特点有：

(1) 成本低廉；

(2) 来源丰富；

(3) 易于生产；

(4) 工艺成熟；

(5) 特性透明，适合做窗口层。

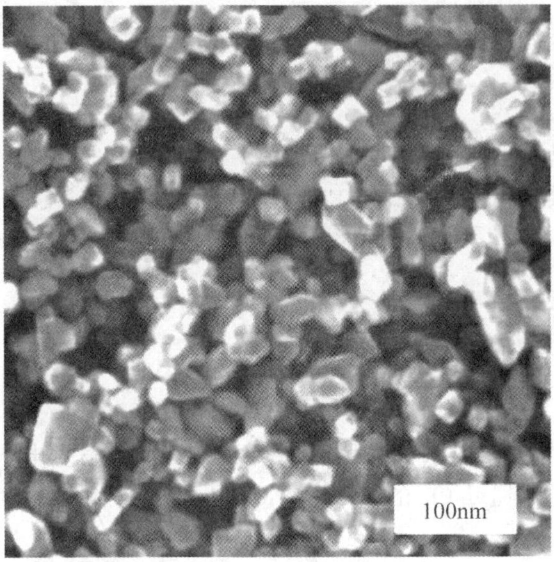

图 5.13　TiO_2 的多空结构 SEM 图像

（图片来源：参考文献[13]）

纳米结构的细微变化会对载流子的产生、输运和收集产生巨大影响。因此，染料敏化电池研究重点，就是通过纳米物理和纳米化学的理论及实验来控制电池中各组成部分的特性。用 Pluronic 嵌段共聚物胶束模制备的 TiO_2，性能优于四氯化钛（titanium tetrachloride，$TiCl_4$）处理的普通 TiO_2 或 $TiCl_4$ 未处理的普通 TiO_2，如图 5.14 所示。3 种染料敏化电池的 TiO_2 薄膜虽均为 1μm 厚，染料光敏化剂同样是 N945，但是 Pluronic 制备的 TiO_2 转换效率比普通 TiO_2 高 50%。这是由于 Pluronic 制备的 TiO_2 比普通 TiO_2 粗糙度大 5 倍，增强了陷光作用，从而提高了短路电流[14]。

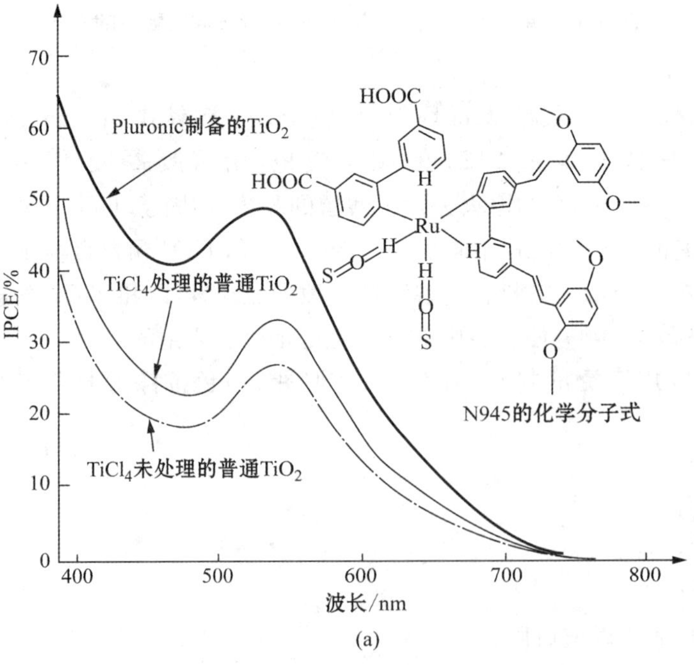

(a)

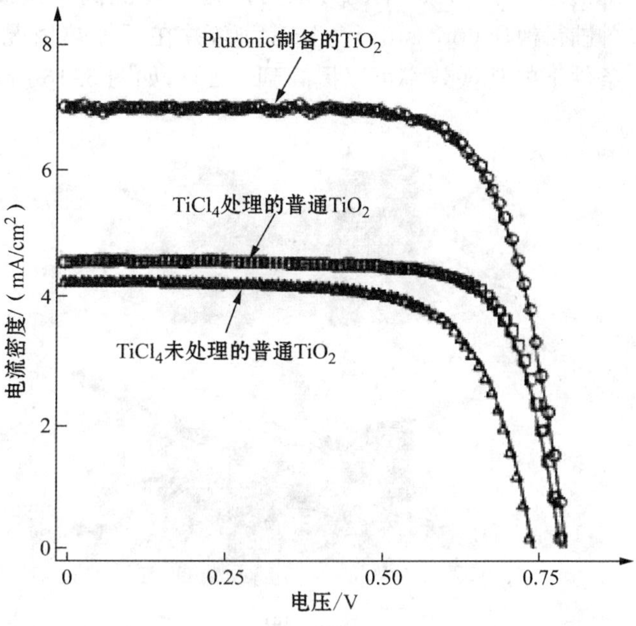

(b)

图 5.14　3 种染料敏化电池

(a) 单色光电转换效率 IPCE；(b) 伏安特性

（数据来源：参考文献[15]）

2003 年，染料敏化柔性电池第 1 次在英国制备成功，染料掺杂在镀有氧化铝（alumina，Al_2O_3）层的纳米晶 TiO_2，使用 I_2/NaI 固态聚合物电解质（electrolyte），转换效率高达 5.3%[16]。通过改变聚合物电解质，电池的伏安特性可以进一步优化，如图 5.15 所示[17]。

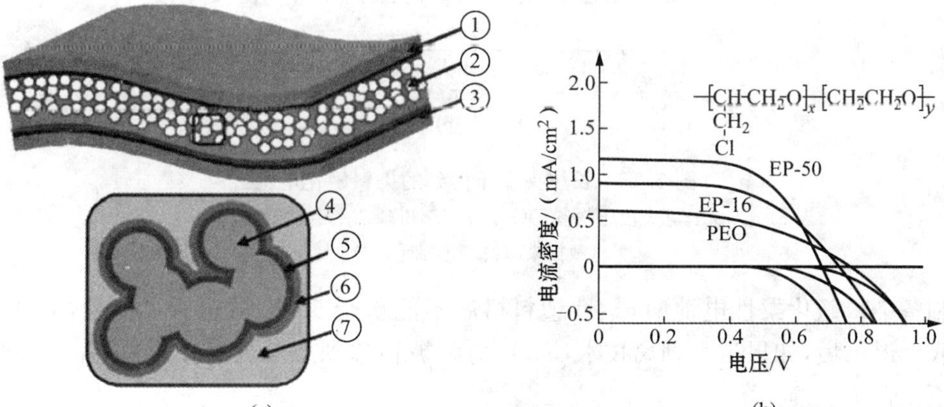

(a)　　(b)

图 5.15　第 1 片成功制备的染料敏化柔性电池

(a) 结构；(b) 改变电解质优化伏安特性

① ITO 塑料；② 纳米吸收层；③ 镀 Pt 的 ITO 塑料；④ 纳米晶 TiO_2；⑤ Al_2O_3 层；

⑥ $Ru(L)_2(NCS)_2$ 染料；⑦ 氧化还原活性聚合物电解质渗透在 Al_2O_3 孔隙中

（数据来源：参考文献[17]）

塑料衬底制备柔性电池，有一种简单的方法可以进一步提高转换效率，用长尾夹(binder clip)对 TiO_2 水性浆料进行模压(pressing)，完成镀膜，并在不加热情况下制备 TiO_2 光电极，1 000W/m^2、$AM1.5$ 条件下的转换效率可以提高到 7.4%，如图 5.16 所示。

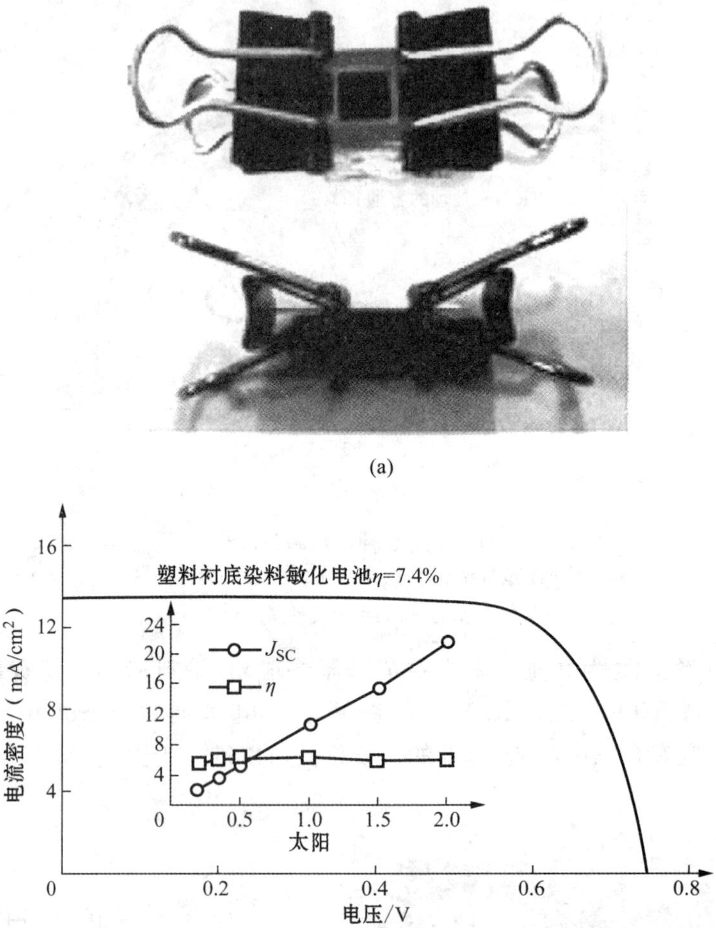

图 5.16　长尾夹模压得到的染料敏化电池

(a) 长尾夹模压制备 TiO_2 层；(b) 得到 7.4%的转换效率

(数据来源：参考文献[18])

在制备染料敏化柔性电池时，柔性塑料衬底不能承受 500℃的退火。但是，TiO_2 薄膜在玻璃衬底上退火后，如果运用剥离技术，TiO_2 薄膜被转移到柔性衬底上，可以保持 TiO_2 薄膜电性能不变[19]。

日本横滨国立大学(Yokohama National University)孵化的 Peccell Technologies 公司，专注于研发生产塑料衬底染料敏化柔性电池，开发塑料 TiO_2 电极和新型塑料封装材料，目标是 2010 年实现产业化，如图 5.17 所示。

TiO_2 表面会存在一定的缺陷能级，捕获从染料光敏剂注入 TiO_2 导带的电子，是限制电子输运效率的主要因素。由于缺陷能级存在于 TiO_2 的表面，而不是 TiO_2 颗粒的内部，所以缺

图 5.17　研发中的塑料衬底染料敏化柔性电池
（图片来源：Peccell Technologies）

陷能级的数量会随 TiO_2 表面积的增加而线性增加[20]。

电解质中的氧化还原剂，最常用的是 I^-/I_3^-（iodide/triiodide）。电子从 TiO_2 输运到 I_3^-，比从 TiO_2 到电极缓慢得多[21]。$I_2^{-\cdot}/I^-$ 的电势差，决定了电子从 I^- 到被氧化染料的效率。

$$I_3^- \leftrightarrow I_2 + I^- \tag{5.1}$$

$$I_2 + e^-_{(TiO_2)} \rightarrow I_2^{-\cdot} \tag{5.2}$$

在乙腈中，式(5.1)的平衡常数很低，仅为～10^{-7}。碘功能团被第 2 次还原：

$$I_2^{-\cdot} + e^-_{(TiO_2)} \rightarrow 2I \tag{5.3}$$

碘还原被氧化的染料光敏化剂到基态：

$$Ru(\text{III}) + 2I^- \rightarrow Ru(\text{II}) + I_2^{-\cdot} \tag{5.4}$$

染料是基于多吡啶（polypyridyl）的 Ru 络合物 $RuL_2(X)_2$ 结构，如图 5.18 所示。

L＝2,2′－bipyridyl－4,4′－dicarboxylic acid

L′＝2,2′－terpyridyl－4,4′,4″－tricarboxylic acid

被 $RuL'(NCS)_3$ 或 $RuL_2(NCS)_2$ 敏化后的 TiO_2 在可见光波段的单色光电转换效率（incident photon-to-current conversion efficiency，IPCE）达到 80％左右，比 TiO_2 高得多，如图 5.19 所示。其中，$RuL'(NCS)_3$ 和 $RuL_2(NCS)_2$ 相比，IPCE 光谱向红外光延伸了 100nm。理想的光敏化剂需要吸收 900nm 以下的入射光。羧酸盐（carboxylate）或磷酸盐（phosphonate）的作用，是保证染料在 TiO_2 表面的嫁接，和电子快速地注入 TiO_2 导带[22]。选择如 $RuL'(NCS)_3$ 这样的合适配体，可以对分子轨道进行细微的调节，提高电子注入的量子产率（quantum yield for electron injection，φ_{inj}），转换效率可以达到 10.4％[23]。

只要电势匹配，氧化还原电解质会有效地还原染料光敏化剂。染料的稳定性对电池也非常重要。电池工作 20 年，染料需要达到 10^8 个氧化还原反应的循环周期。

开路电压，由阳极半导体费米能级（Fermi energy level）与氧化还原电解质电势的差值决定，并受暗电流的影响。短路电流是电池能够收集到的最大饱和电流，它最大限度上受染料的光吸收能力影响，但同时与电极收集电子的能力有关。

IPCE 是入射光子最终被电池转化为外电路电子的百分比，表征电池对不同波长的入射光

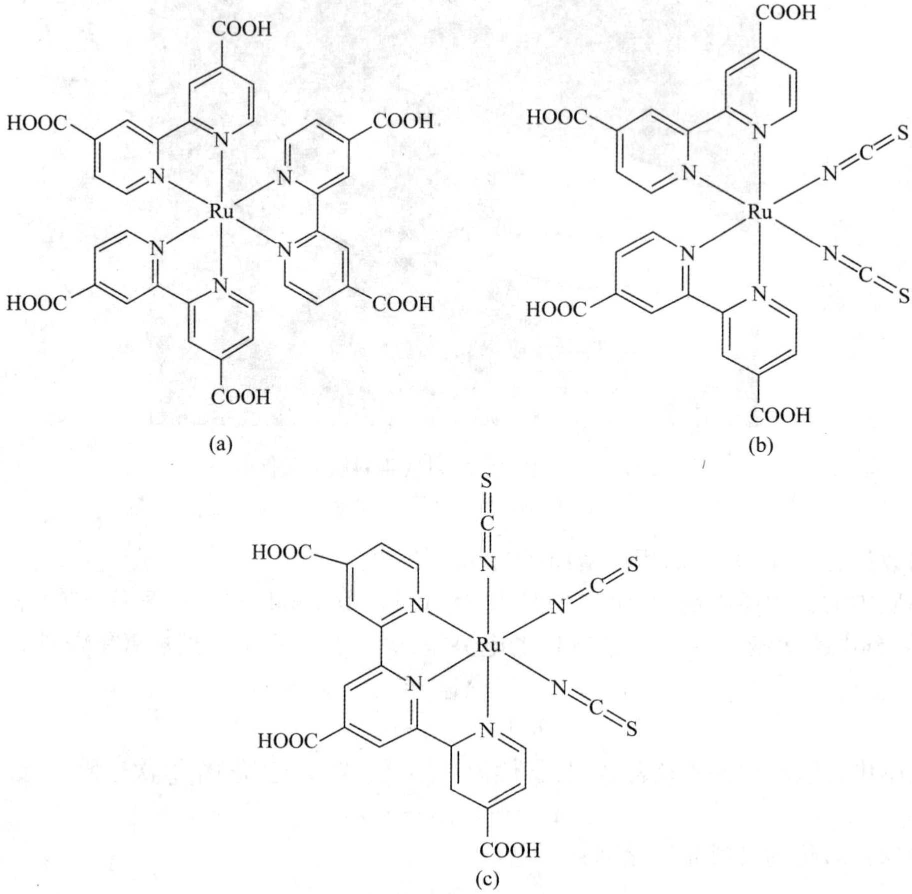

图 5.18　Ru 染料的结构

(a) RuL_3；(b) cis－$RuL_2(NCS)_2$；(c)$RuL'(NCS)_3$

(图片来源:参考文献[8])

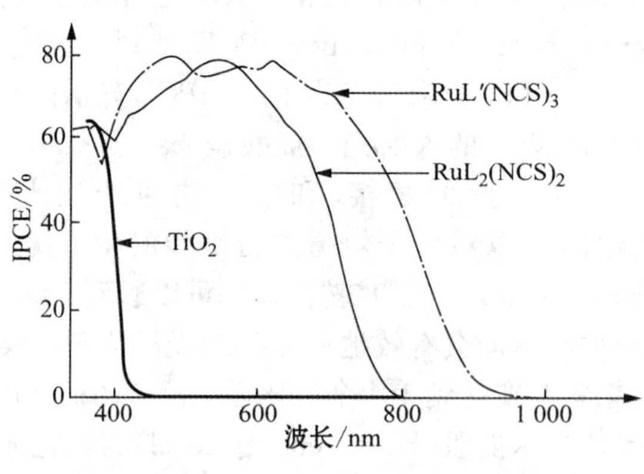

图 5.19　TiO_2、被 $RuL'(NCS)_3$ 或 $RuL_2(NCS)_2$ 敏化后 TiO_2 的 IPCE

(数据来源:参考文献[23])

的响应特性，而转换效率是 IPCE 对光谱的积分。IPCE 与 LHE(λ)、φ_{inj}、电子收集效率(electron collection efficiency，η_{coll})成正比：

$$\text{IPCE}(\lambda)=\text{LHE}(\lambda)\cdot\varphi_{inj}\cdot\eta_{coll} \tag{5.5}$$

根据朗伯-比耳定律(Beer-Lambert's law)，光吸收率(light-harvesting efficiency，LHE(λ))与吸收层厚度 d、吸收系数(absorption coefficient，α)有关：

$$\text{LHE}(\lambda)=10^{-\alpha d} \tag{5.6}$$

式中：$\alpha=\sigma\cdot c$，α 是吸收长度(absorption length)的倒数，与染料光敏化剂的光学截面(optical cross section，σ)、染料光敏化剂的浓度(concentration，c)成正比。

LHE(λ)与波长 λ 密切相关。染料光敏化剂的 LHE(λ)，在光谱中的最高值，达到>90%。可以通过一定的技术，进一步提高染料光敏化剂在红光和红外光波段的吸收。例如，把多孔薄膜中 TiO_2 颗粒的直径提高到 100～300nm，可以提高染料光敏化剂的光学截面，实现更大的 LHE(λ)[24]。如果把多种不同吸收光谱的染料混合在一起，也可以提高对太阳光谱的 LHE(λ)，而不同染料之间不会有互相干扰[25]。

5.3 染料敏化电池的研发方向

反蛋白石(inverse opal)是光子晶体(photonic crystal)的一种代表性结构。在 SiO_2 或 PS-PMMA 等蛋白石为模板，在其孔隙中填充含有的 TiO_2 的胶体，填充完毕待 TiO_2 胶体在空隙间矿化后，通过煅烧、化学腐蚀、溶剂溶解等方法除去初始的 SiO_2 或聚合物模板。原有的模板除去后得到规则排列的球形的空气孔，形成光子晶体，如图 5.20 所示。

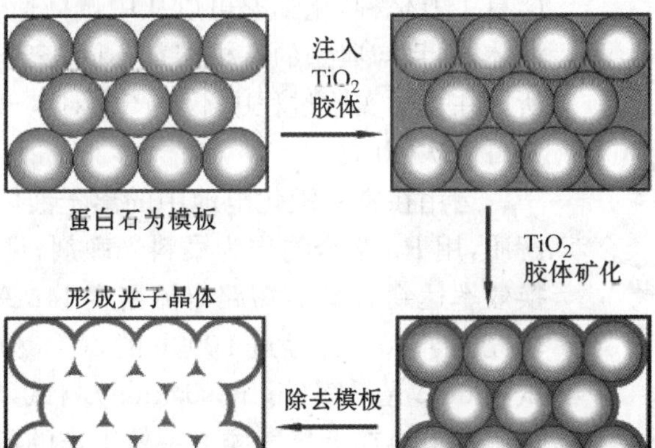

图 5.20 反蛋白石结构的制备过程

(图片来源：Journal of Materials Chemistry)

染料光敏化剂对 600～750nm 红光波段的吸收较弱，蛋白石结构的 TiO_2 光子晶体恰恰提高了这一波段的吸收。相比结构无序的材料，光子通过 TiO_2 光子晶体的群速很慢，这大大增加了光子被捕获的可能性[26]。

结合了 TiO_2 反蛋白石结构的染料敏化电池，相比纳米晶 TiO_2 无序排列的普通染料敏化电池，在可见光波段的短路电流，提高了 26%，如图 5.21 所示。当然，起到提高转换效率作用的，不是反蛋白石结构本身，反蛋白石结构只起到了增加散射的作用，以帮助 TiO_2 和染料敏化剂的双层纳米结构增加光吸收[28]。

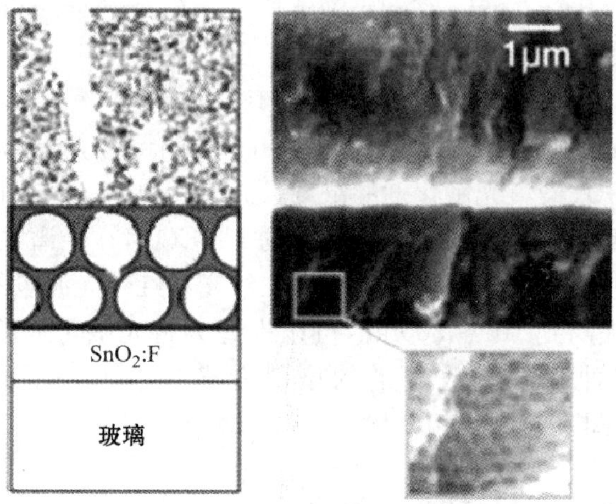

图 5.21　含有 TiO_2 反蛋白石结构的染料敏化电池

（图片来源：参考文献[27]）

图 5.22　离子液体

（图片来源：separationsnow. com）

染料敏化电池也可以用离子液体（ionic liquid，IL）作为电解质，如图 5.22 所示。离子液体是熔点低于 100℃的盐，仅由带正电的离子和带负电的离子构成。从理论上讲离子液体可能有 1 万亿种，化学家可以从中选择适合自己工作需要的离子液体，而且与典型的有机溶剂不同，离子液体一般不容易蒸发，所以在化学实验过程中不会产生对大气造成污染的有害气体，并可多次使用。

运用在染料敏化电池中的离子液体，可以用混合物作为电解质，用 Ru 络合物作为染料光敏剂，见表 5.1。得到的电池转换效率达到 7.6%，短路电流密度 14mA/cm^2，开路电压 0.7V，填充因子 70%。经过 1000h 的 80℃热应力（thermal stress）测试和 60℃光暴露（light soaking）测试，转换效率仅下降 10%，证明了电池在炎热气候下室外工作的可靠性[29]。

表 5.1　染料敏化电池用离子液体作为电解质，用 Ru 络合物作为染料光敏化剂

作用	中文名	英文名
离子液体混合电解质	1-乙基-3-甲基-咪唑四氰基硼酸	1-ethyl-3-methyl-imidazolium tetracyanoborate
	1-丙基-3-甲基-咪唑碘	1-propyl-3-methyl-imidazolium iodide
染料光敏化剂	Ru 络合物	Ru (2,20'-bipyridine-4,4'-dicarboxylic acid) (4,4'-bis(2-(4-tert-butyloxy-phenyl)ethenyl)-2,2'-bipyridine)(NCS)$_2$

由于离子液体作为电解质的优越性能，G24 Innovation 和德国 BASF 公司合作，开发理想的离子液体，如图 5.23 所示。

(a)

(b)

图 5.23　离子液体

(a) 各种离子液体；(b)离子液体的汽化

(图片来源：BASF)

纳米多孔基体(nanoporous matrix)是另一种提高染料敏化电池性能的技术。简单地说，纳米多孔基体是 TCO 透明电极的延伸，大大地增加了传统电极的表面积和深度，使从染料注入 TiO_2 的电子更快地被电极收集，如图 5.24 所示。在这种新型的电极结构中，透明导电的纳

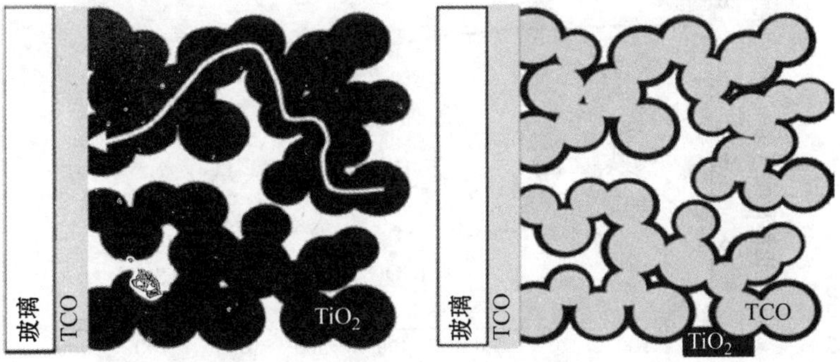

(a)　　(b)

图 5.24　染料敏化电池的电极结构

(a) 普通的电极；(b) 纳米多孔基体透明电极

(图片来源：参考文献[21])

米多孔基体是核心，TiO_2 层作为外壳，包裹在纳米多孔基体表面。从而，电子从注入到收集的距离，由数 μm 缩短到数 nm。即使在离 TCO 电极数 μm 的位置，电子从染料光敏剂注入 TiO_2 薄膜后，也会很快地进入纳米多孔基体的透明电极，大大缩短了电子的输运距离。

导电的纳米多孔基体，作为更有效的透明电极，优化了载流子的分离和收集。这种新型的高表面积电极，相比普通的多孔纳米晶 TiO_2 层，减小了载流子的复合机率，也回避了注入电子扩散缓慢的问题[30]。

纳米多孔基体的最理想厚度为 6nm，可以实现较高的开路电压，如图 5.25 所示。不同的数据标志，表示电极材料不同的制备方法。纳米多孔基体厚度在 0～6nm 范围内，开路电压与厚度成正比关系，纳米多孔基体越厚，就能更好地吸收电子。但是，当纳米多孔基体厚度超过 6nm，电子到 TCO 电极的输运距离太长，反而增加了载流子复合的可能，抵消了吸收面增加的作用。所以，纳米多孔基体太厚，对开路电流没有贡献。

以色列 3GSolar 公司生产的 15cm×15cm 的大面积染料敏化电池，就运用了纳米多孔基体技术，如图 5.26 所示。

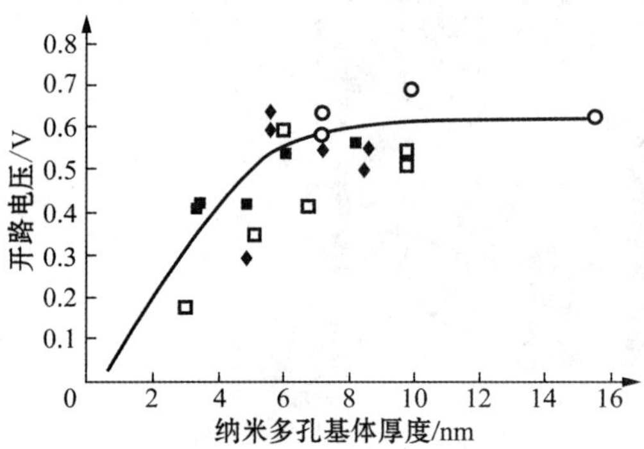

图 5.25　纳米多孔基体厚度和开路电压的关系
（数据来源：参考文献[21]）

3GSolar
Solar Energy Modules

图 5.26　以色列 3GSolar 公司
（图片来源：3GSolar）

人们还在研究更好的染料，希望藉此提高染料敏化电池的转换效率。日本三菱公司开发了一系列高转换效率的染料，其中以吲哚啉染料（indoline dye）为代表，使染料的选择突破了 Ru 金属，而向无金属有机染料（metal-free organic dye）发展，如图 5.27 所示。2003 年，吲哚

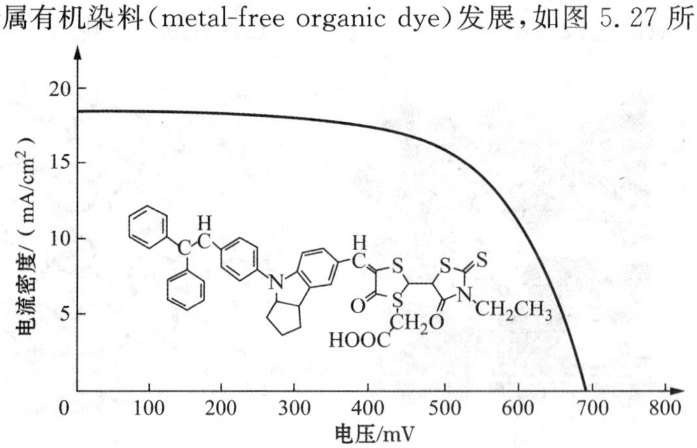

图 5.27　吲哚啉染料敏化电池的伏安特性曲线
（数据来源：参考文献[31]）

啉染料实现了 8%的转换效率，在同样条件下，Ru 染料 N3 和 N719 的转换效率分别为 7.89%和 8.26%[31]。

染料敏化电池的研究开发实现了一系列的突破[32]。Grätzel 的科研小组实现了 11%的实验室转换效率，仍然保持着世界领先的优势。而且 Grätzel 小组还报道了转换效率 15%的叠层电池，顶电池是染料敏化电池，底电池是 CIGS 电池，得到的转换效率几乎是两种电池自身转换效率的相加。德国 Frauenhofer ISE 制备了面积 $1cm^2$、转换效率 10.4%的染料敏化电池。Frauenhofer ISE 开发的 30cm×30cm 染料敏化电池组件，由 6 个 0.8A、4.2V 的电池单元组成。通过提高印刷技术，Frauenhofer ISE 进一步实现了面积 60cm×100cm、转换效率 5%的染料敏化电池组件。荷兰能源研究中心(Energy research Centre of the Netherlands，ECN)研制的染料敏化电池，面积 2.5cm×2.5cm，转换效率 8.81%。而且 ECN 正在尝试用金电极，取代现在的电解质。日本夏普公司研发出 25cm×25cm 黑色染料敏化电池组件，厚度 0.8cm，由 43 片电池单元组成，功率 3W，转换效率 4.8%。英国拉夫堡大学(Loughborough University)的可再生能源中心(Centre for Renewable Energy Systems Technology，CREST)，在聚对苯二甲酸乙二醇酯(polyethylene terephthalate，PET)衬底上制备染料敏化柔性电池，取得一定的成果。芬兰赫尔辛基工业大学(Helsinki University of Technology)，在不锈钢衬底上制备染料敏化柔性电池，得到了突破。

为了染料敏化电池产品的可靠性，可以使用固态或准固态电解质，取代液态电解质，但是这样会降低转换效率[33]。如果为了更高的转换效率，使用液态电解质，必须优化组件的封装，防止液态电解质泄漏和蒸发。

产业化染料敏化电池的可靠性和寿命已经发展到了一定的水平。加速老化测试表明，染料敏化电池在南欧气候环境下的寿命为 13 年，在中欧气候环境下的寿命为 22 年，如图 5.28 所示。

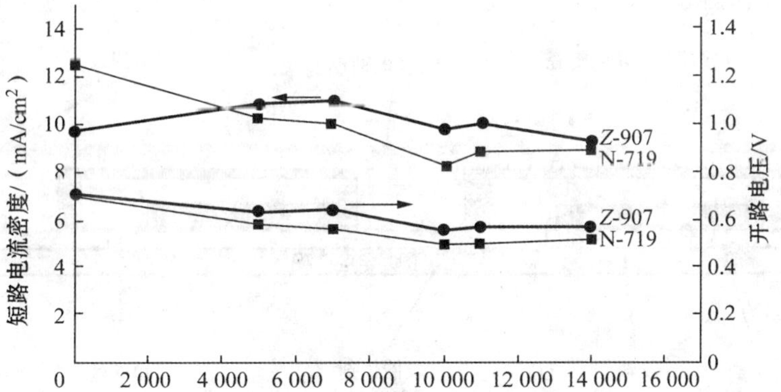

图 5.28 染料敏化电池的加速老化测试
(数据来源：Dyesol)

不同实验室的加速老化测试表明，转换效率>8%的电池，在经过 1 000h 的 80℃热应力测试和 60℃光暴露测试，功率仍然保持 98%的初始值。而人们希望在 2015 年，能够通过 3 000h 的加速老化测试。丰田-爱信精机的户外测试表明，染料敏化电池在 4 年内，功率仅衰减<15%。而人们希望 2015 年，户外测试在 10 年中功率衰减<15%，见表 5.2。实验室和产业

化的染料敏化电池将分别实现16%和10%的转换效率,其能源返回周期,将比其他太阳能电池技术都短[34]。由于染料敏化电池的优越性能和光明前景,全世界已经有不少家新兴高科技企业,获得了机构投资,发展产业化的染料敏化电池。

表 5.2 染料敏化电池的现状和展望

	2007 年的现状	2015 年的目标
实验室转换效率记录	11%	16%
实验室加速老化测试功率衰减	1000h 的 80℃热应力测试和 60℃光暴露测试,<5%	3000h 的 80℃热应力测试和 60℃光暴露测试,<5%
产业化转换效率记录	5%~7%	10%
户外测试功率衰减	4 年内,<15%	10 年内,<15%
功率衰减机理的研究	对机理存在争议	确认主要机理

(数据来源:参考文献[32])

5.4 染料敏化电池的生产工艺

应用在 BIPV 中的透明染料敏化电池,两层透明导电玻璃分别是阳极和阴极,如图 5.29 所示。这种光学透明或半透明的电池,进行严格的层压封装,可以保证较长的使用寿命。染料敏化电池可以承受高强度的太阳光照和高温的工作环境,是温带和热带地区的理想选择。

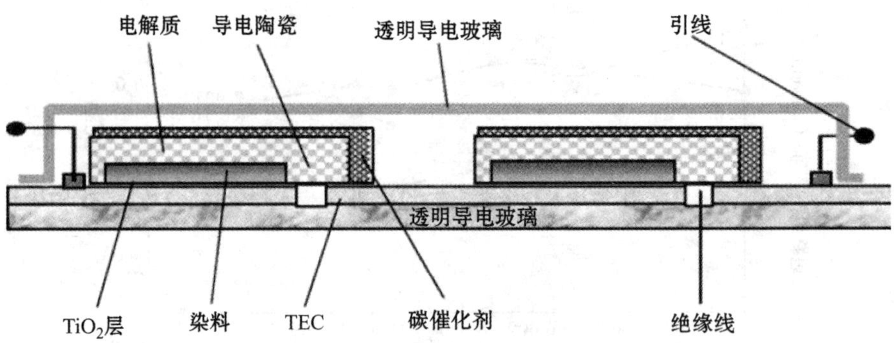

图 5.29 染料敏化电池组件结构
(图片来源:Dyesol)

染料敏化电池的制备工艺共分为 4 个主要步骤,适合大规模生产,如图 5.30 所示:

(1) TCO 的激光刻划、打注入孔、清洗:2 片 TCO 分别是阴极盖板和阳极盖板,阳极盖板 TCO 需要打注入孔,可以在(c)注入染料和电解液,如图 5.30(a)所示。

(2) 纳米晶 TiO_2、催化剂、金属网格、玻璃熔块的印刷、脱水、退火：在阴极盖板 TCO 上，镀 10ml/cm^2 的 TiO_2 浆料，可以得到 8μm 的光学透明薄膜。经过 30min，450℃的退火，纳米晶 TiO_2 相互键联，晶界减少，体积收缩，密度增加，纳米晶 TiO_2 和导电玻璃的电接触、机械连接更加紧密。退火后缓慢的冷却可以防止玻璃的爆裂。在阳极盖板 TCO 上，再分别制备催化剂、金属网格、玻璃熔块，如图 5.30(b)所示。

(3) 阴极盖板和阳极盖板熔合、染料和电解液注入：把 200mg/L 的 Ru 染料溶解在乙醇溶剂中，溶液通过阳极盖板的注入孔，注入退火后的电极。然后，根据 TiO_2 薄膜的厚度，进行加热，使乙醇挥发，染料掺杂在 TiO_2 表面。在室温下，加热 5～10h，在 70℃加热条件下，加热 1～2h，如图 5.30(c)所示。

(4) 封装、接电极、测试：封装和接电极时，保证各种接触产生的串联电阻最小。对染料敏化电池进行测试，1 000W/m^2 的光照下，得到开路电压 0.6～0.7V，短路电流密度 8～12mA/cm^2，如图 5.30(d)所示。

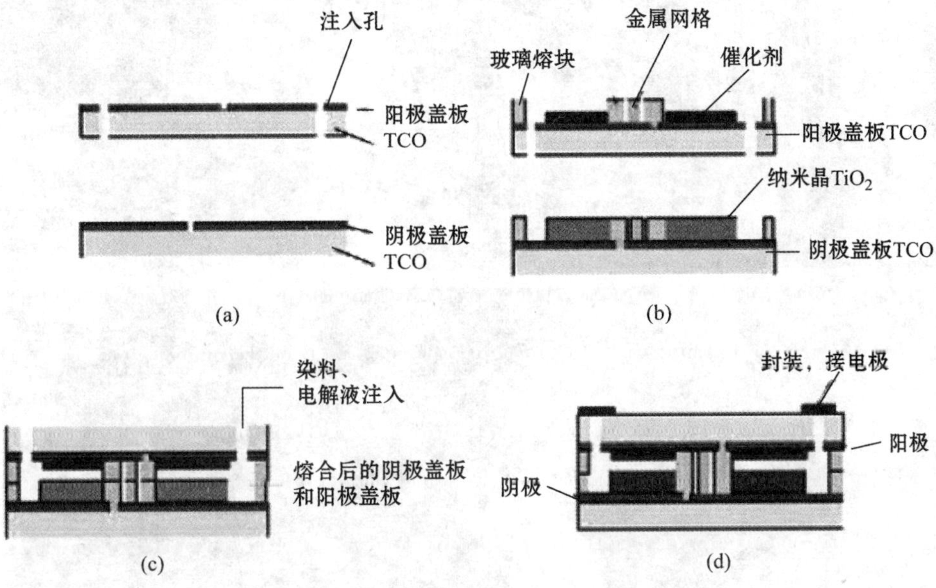

图 5.30　染料敏化电池制备工艺的 4 个步骤

(图片来源：Fraunhofer ISE)

以上制备的染料敏化电池单元，经过串联和并联，用防紫外的 EVA 或 PVB 进行层压封装，可以得到 12V 或 24V 的标准电池组件，转换效率 5%～7%，尺寸可以达到 600mm×900mm，如图 5.31 所示。

染料敏化电池中的光吸收和载流子分离，都是在材料界面上发生的，所以对材料中的杂质和制备过程的纯净度，要求不是很苛刻，可以用非真空、接近室温的设备生产，如丝网印刷、溅射、模压或卷对卷工艺，如图 5.32 所示。

由于制备工艺相对简单，染料敏化电池适合大规模、低成本的自动化流水线作业。G24 Innovation 的卷对卷自动化流水线，可以在 3h 内生产 45kg、长 0.8km 的金属箔片衬底染料敏化柔性电池，如图 5.33 所示[2]。

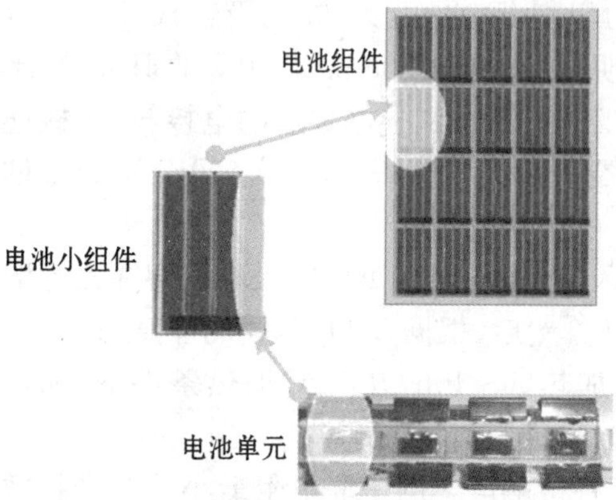

图 5.31　染料敏化电池组件
（图片来源：Dyesol）

图 5.32　染料敏化电池的卷对卷工艺
（图片来源：G24 Innovation）

图 5.33　染料敏化电池的流水线作业
（图片来源：G24 Innovation）

5.5 光伏玻璃幕墙

染料敏化电池的颜色和透明度可以根据需要进行变换，在 BIPV 中应用广泛，适合集成于窗户、墙面和屋顶，特别适合光伏玻璃幕墙的应用。可以改造旧建筑，也可以集成在新建筑中，为建筑增添不少环保元素和美学元素。

世界上第 1 片应用于 BIPV 的商业化染料敏化电池组件，是 Dyesol 生产的。2003 年，应用于澳大利亚 Newcastle 的 CSIRO Energy Center 的光伏玻璃幕墙，如图 5.34 所示。

图 5.34 Dyesol 的染料敏化电池的光伏玻璃幕墙

（图片来源：Dyesol）

在发达国家，建筑业的商业模式是绝对的客户驱动，建筑公司会按照不同客户的要求，为每一个案例分别做出设计。这样的模式可以充分发挥染料敏化电池的优势，如图 5.35 所示[35]。由于热稳定性好，弱光性好，并且对入射光的角度不敏感，染料敏化电池也非常适合室内应用。

图 5.35 2005 年在澳大利亚建成的染料敏化电池 BIPV

（图片来源：Dyesol）

染料敏化电池的特点很鲜明，成本低、质量轻、透光性好、弱光性好、热稳定性好。塑料衬底的染料敏化柔性电池可以和各种形状、各种材质的建筑部位无缝集成。玻璃衬底的染料敏化电池，可以用作光伏玻璃幕墙，实现 BIPV。染料敏化电池也可以直接集成在标准的玻璃幕墙上，但要经过丝网印刷的处理。丝网印刷是玻璃产业广泛使用的工艺，过程包括绷网、上浆、干燥、晒版、显影、干燥、平板玻璃的切裁、磨边、清洗干燥和烧结。

单位 Wp 的非晶硅薄膜电池，发电量比晶体硅电池高。而单位 Wp 的染料敏化电池，发电量比非晶硅薄膜电池更高。尽管染料敏化电池的转换效率目前仅有 5%～7%，但是，其五彩斑斓的色彩和优越的电性能，非常适合光伏玻璃幕墙应用。2005 年日本爱知县世博会上，丰田展示的 BIPV 建筑，使用 2.5m×2.5m 的超大染料敏化电池组件，作为光伏玻璃幕墙，如图 5.36 所示。输出功率的记录表明，染料敏化电池单位 Wp 的发电量高，而且弱光性好，对太阳

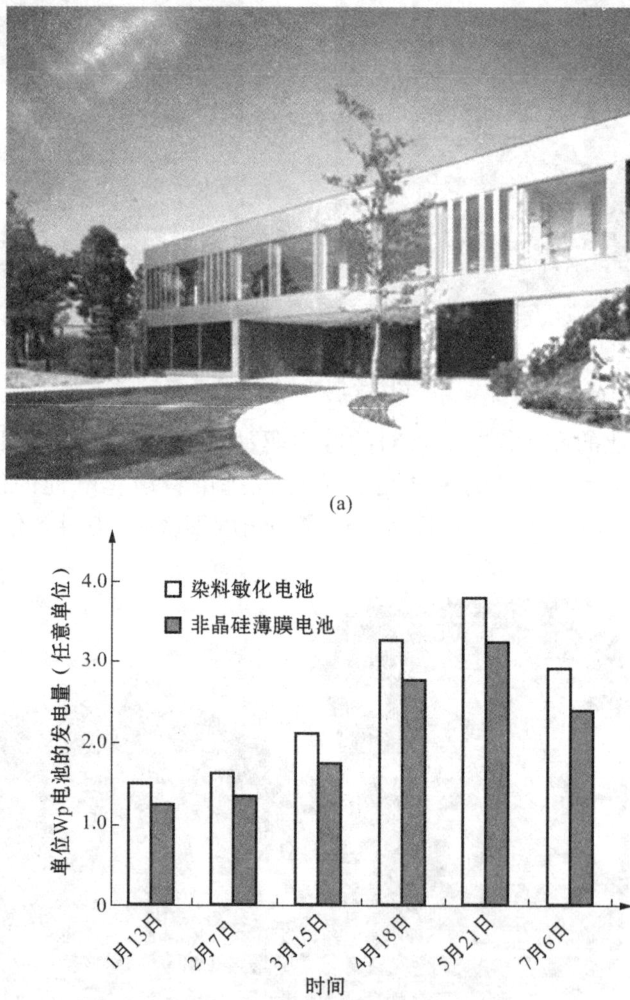

(b)

图 5.36　染料敏化电池的 BIPV 应用和性能

(a) 丰田展示的染料敏化电池光伏玻璃幕墙；

(b) 在半年中染料敏化电池和非晶硅薄膜电池的发电量比较

(图片来源：丰田)

光照角度不敏感，清晨和黄昏的发电量较高[36]。

染料敏化电池特别适合应用于 BIPV，而染料敏化柔性电池可以满足其他柔性电池的应用场合，如图 5.37 所示。

(a)

(b)

图 5.37　染料敏化柔性电池的其他应用

(a) 电话亭；(b) 士兵的服装

(图片来源：G24 Innovation)

总而言之，随着太阳能技术的发展，产学研结合的模式上了一个新的台阶，过去每一步都互相串行，现在基础研究和应用研究，可以及时地得到来自生产、市场和社会评价的及时反馈，产学研各环节的互相影响更加紧密，价值链得到整合，如图 5.38 所示[2]。

染料敏化电池的产业化过程，特别是在光伏玻璃幕墙的 BIPV 应用，充分体现了这种产学研的紧密结合。市场应用方向和产品性能设计，从一开始，就指导了染料敏化电池的研究开发。德国 Fraunhofer ISE 染料敏化电池的研究，是为了实现 BIPV 的产业应用。在广泛地征求了建筑专家的意见后，科研人员根据建筑设计的要求，研发出了 2 种新型的染料敏化电池，可以更好地满足光伏玻璃幕墙的应用。这种玻璃衬底的染料敏化电池，转换效率 4%～5%，希望在 2009 年进入市场，如图 5.39 所示[35]。

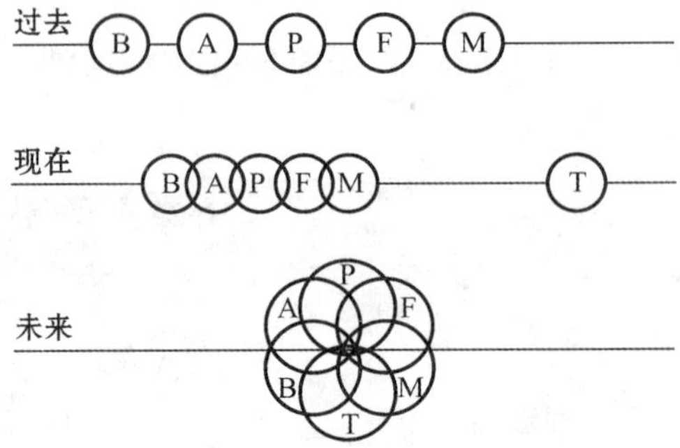

图 5.38　产学研结合的模式的演变

B—基础研究(Basic Research)
A—应用研究(Applied Research)
P—产品开发(Product Development)
F—工业生产(Manufacture)
M—市场推广(Marketing)
T—技术评价(Technology Consequences Evaluation)

(图片来源:参考文献[2])

图 5.39　染料敏化电池的研发和生产过程

(a) 纳米颗粒研发;(b) 丝网印刷浆料生产;(c) 平板玻璃生产;
(d) 染料、电介质的精细化工生产;(e)产品开发和市场推广

(图片来源:Fraunhofer ISE)

参 考 文 献

[1] O. Regan, B. and Grätzel, M. A low-cost, high-efficiency solar cell based on dye-sensitized colloidal TiO_2 films [J]. Nature, 1991, 353: 737.

[2] Hagemann, I. B. New perspectives for building integrated photovoltaics [C] // Proceedings of the 2nd International Conference on the Industrialisation of DSC, DSC-IC 2007, St Gallen, Switzerland, September 11-13, 2007.

[3] Dyesol. DSC Solar Technology for the New Millenium [EB/OL]. Dyesol Ltd, 2006. http://www.sta.com.au/downloads/DSC%20Booklet.pdf.

[4] Dyesol Ltd [EB/OL]. http://www.dyesol.com.

[5] G24 Innovations Ltd [EB/OL]. http://www.g24i.com.

[6] 3GSolar Ltd [EB/OL]. http://www.3gsolar.com.

[7] Balzani, V., Credi, A. and Venturi, M. Photochemical Conversion of Solar Energy [J]. ChemSusChem, 2008, 1: 26.

[8] Grätzel, M. Solar conversion by dyesensitized photovoltaic cells [J]. Inorganic Chemistry, 2005, 44: 6841.

[9] Peter, L. M. Dye-sensitized nanocrystalline solar cells [J]. Physical Chemistry Chemical Physics, 2007, 9: 2630.

[10] Nakade, S., Kubo, W., Saito, Y., Kanzaki, T., Kitamura, T., Wada, Y. and Yanagida, S. Influence of measurement conditions on electron diffusion in nanoporous TiO_2 films: effects of bias light and dye adsorption [J]. Journal of Physical Chemistry B, 2003, 107: 14244.

[11] Nazeeruddin, M. K. Dye Sensitized Solar Cells [C] // International Summer School 2006, Krutyn, Poland, May 29, 2006.

[12] Ito, S., Zakeeruddin, S. M., Humphry-Baker, R., Liska, P., Charvet, R., Comte, P., Nazeeruddin, M. K., Péchy, P., Takata, M., Miura, H., Uchida, S. and Grätzel, M. High-efficiency organic-dye sensitized solar cells controlled by nanocrystalline-TiO_2 electrode thickness [J]. Advanced Materials, 2006, 18: 1202.

[13] Lenzmann, F. O. and Kroon, J. M. Recent advances in dye-sensitized solar cells [J]. Advances Optoelectronics, 2007: 65073.

[14] Zukalova, M., Zukal, A., Kavan, L., Nazeeruddin, M. K., Liska, P. and Gratzel, M. Organized Mesoporous TiO_2 Films Exhibiting Greatly Enhanced Performance in Dye-Sensitized Solar Cells [J]. Nano Letters, 2005, 9: 1789.

[15] Engel, G. S., Calhoun, T. R., Read, E. L., Ahn, T.-K., Mancal, T., Cheng, Y.-C., Blankenship, R. E. and Fleming, G. R. Evidence for wavelike energy transfer through quantum coherence in photosynthetic systems [J]. Nature, 2007, 446: 782.

[16] Haque, S. A., Palomares, E., Upadhyaya, H. M., Otley, L., Potter, R. J., Holmesc, A. B. and Durrant, J. R. Flexible dye sensitised nanocrystalline semiconductor solar cells [J]. Chemical Communications, 2003: 3008.

[17] Upadhyaya, H. M., Hirata, N., Haque, S. A., de Paoli, M.-A. and Durrant, J. R. Kinetic competition in flexible dye sensitised solar cells employing a series of polymer electrolytes [J]. Chemical Communications, 2006: 877.

[18] Yamaguchi, T., Tobe, N., Matsumoto, D. and Arakawa, H. Highly efficient plastic substrate dye-sensitized solar cells using a compression method for preparation of TiO_2 photoelectrodes [J]. Chemical Communications, 2007: 4767.

[19] Dürr, M., Schmid, A., Obermaier, M., Rosselli, S., Yasuda, A. and Nelles, G. Low-temperature fabrication of dyesensitized solar cells by transfer of composite porous layers [J]. Nature Materials, 2005, 4: 607.

[20] Kopidakis, N., Neale, N. R., Zhu, K., van de Lagemaat, J. and Frank, A. J. Spatial location of transport-limiting traps in TiO_2 nanoparticle films in dye-sensitized solar cells [J]. Applied Physics Letters, 2005, 87: 202106.

[21] Peter, L. M. Characterization and modeling of dye-sensitized solar cells [J]. Journal of Physical Chemistry C, 2007, 111: 6601.

[22] Greijer Agrell, H., Lindgren, J. and Hagfeldt, A., Coordinative interactions in a dye-sensitized solar cell [J]. Journal of Photochemistry and Photobiology A: Chemistry, 2004, 164: 23.

[23] Nazeeruddin, M. K., Pechy, P., Renouard, T., Zakeeruddin, S. M., Humphry-Baker, R., Comte, P., Liska, P., Cevey, L., Costa, E., Shklover, V., Spiccia, L., Deacon, G. B., Bignozzi, C. A. and Grätzel, M. Engineering of efficient panchromatic sensitizers for nanocrystalline TiO_2-based solar cells [J]. Journal of the American Chemical Society, 2001, 123: 1613.

[24] Tomita, T. US Patent 7,312,507 [P]. Sony Co., 2007.

[25] Cid, J.-J., Yum, J.-H., Jang, S.-R., Nazeeruddin, M. K., Martínez-Ferrero, E., Palomares, E., Ko, J., Grätzel, M. and Torres, T. Molecular co-sensitization for efficient panchromatic dye-sensitized solar cells [J]. Angewandte Chemie-International Edition, 2007, 46: 8358.

[26] Ozin, G. A. and Arsenault, A. C. Nanochemistry [M]. Cambridge: RSC Publishing, 2005.

[27] Nishimura, S., Abrams, N., Lewis, B. A., Halaoui, L. I., Mallouk, T. E., Benkstein, K. D., van de Lagemaat, J. and Frank, A. J. Standing Wave Enhancement of Red Absorbance and Photocurrent in Dye-Sensitized Titanium Dioxide Photoelectrodes Coupled to Photonic Crystals [J]. Journal of the American Chemical Society, 2003, 125: 6306.

[28] Halaoui, L. I., Abrams, N. M. and Mallouk, T. E. Increasing the Conversion Efficiency of Dye-Sensitized TiO_2 Photoelectrochemical Cells by Coupling to Photonic Crystals [J]. Journal of Physical Chemistry B, 2005, 109: 6334.

[29] Kuang, D., Klein, C., Zhang, Z., Ito, S., Moser, J.-E., Zakeeruddin, S. M. and Grätzel, M. Stable, high-efficiency ionic-liquid-based mesoscopic dyesensitized solar cells [J]. Small, 2007, 3: 2094.

[30] Chappel, S., Grinis, L., Ofir, A. and Zaban, A. Extending the Current Collector into the Nanoporous Matrix of Dye Sensitized Electrodes [J]. Journal of Physical Chemistry B, 2005, 109: 1643.

[31] Horiuchi, T., Miura, H., Sumioka, K. and Uchida, S. High Efficiency of Dye-Sensitized Solar Cells Based on Metal-Free Indoline Dyes [J]. Journal of the American Chemical Society, 2004, 126: 12218.

[32] Nüesch, F. Organic and hybrid solar cells [C] // 21st European Photovoltaic Solar Energy Conference and Exhibition, Dresden, September 4-8, 2006.

[33] Li, B., Wang, L., Kang, B., Wang, P. and Qiu, Y. Review of recent progress in solid-state dye-sensitized solar cells [J]. Solar Energy Materials and Solar Cells, 2006, 90: 549.

[34] Matson, R. Sensitized Solar Cells, NREL/MP-520-41739 Management Report [R]. US Department of Energy, National Renewable Energy Laboratory, June 2007.

[35] Hinsch, A., Putyra, P., Würfel, U., Brandt, H., Skupien, K., Drewitz, A., Einsele, F., Gerhard, D., Gores, H., Hemming, S., Himmler, S., Khelashvili, G., Nasmudinova, G., Opara-Krasovec, U., Rau, U., Sensfu, S., Walter, J. and Wasserscheid, P. Developments towards low-cost Dye Solar Modules [C] // 22nd European Photovoltaic Solar Energy Conference and Exhibition, Milan, September 7, 2007.

[36] R&D Review of Toyota CRDL Vol. 41 No. 1 [R/OL]. http://www.tytlabs.co.jp/english/news/tec/etech41_1_higuchi.pdf.

6 第三代太阳能电池

6.1 概论

风能、潮汐能、地热能、核能、生物能的资源是有限的，而太阳能是取之不尽、用之不竭的能源。但是为了使太阳能被更多的人接受，必须进一步降低成本，这是不断地研究开发第二代和第三代的太阳能电池技术的最终目的。

晶体硅电池的转换效率在 15%～17%，使用寿命 30 年，能源返回周期 2～4 年[1]。但是，日本三洋公司的 HIT 电池达到了 22%(参见 2.6 节)。这说明通过不断地研发各种创新的太阳能电池概念，可以最终转化为具有卓越市场价值的产品。

世界各地的实验室里，正在研究各种不同类型的薄膜电池[2]。例如，V 形有机太阳能电池(V-shaped organic solar cell)，增加了入射光的吸收，可以使转换效率提高 52%。在普通的有机电池中，入射光只经过 1 次反射，而 V 形结构可以使入射光多次反射，增加吸收。

第一代晶体硅电池，由于单一带隙，转换效率有限，而且生产过程复杂、能耗高。各种第三代电池技术中，有一些也是在镀膜沉积工艺的基础上发展起来，通过原材料使用量的降低，节省成本[3]。这些第三代电池选择的原材料无毒，而且供应丰富。研究开发第三代电池技术，将实现太阳能电池成本＜$0.5/Wp 的目标，使太阳能发电更加普及。

6.2 量子阱太阳能电池

图 6.1 应力平衡量子阱电池
(图片来源：英国帝国理工学院)

量子阱太阳能电池(quantum well solar cell)，是在 GaAs 聚光太阳能电池的进一步发展。最早报道的量子阱电池的转换效率就已经达到 27%，是普通晶体硅电池的 2 倍。量子阱技术，也应用在激光、LED 和手机信号放大器中，已经为大规模生产积累了一定的经验[4]。

应力平衡量子阱太阳能电池(strain-balanced quantum well solar cell，SB-QWSC)，是量子阱电池的代表，如图 6.1 所示。应力平衡是指势阱和势垒的周期性排布，势阱晶格较大，势垒晶格较小，拉力和压力两种应力方向相反，起到应力平衡的作用。

在应力平衡量子阱电池的 p-i-n 二极管结构中，p 层和 n 层的材料是 GaAs，i 层包含了＜65 个的量子阱。每个量子阱大约 7nm 宽，包含了一个 $In_xGa_{1-x}As$ 势阱和一个 $GaAs_{1-y}P_y$ 势垒，如图 6.2 所示。

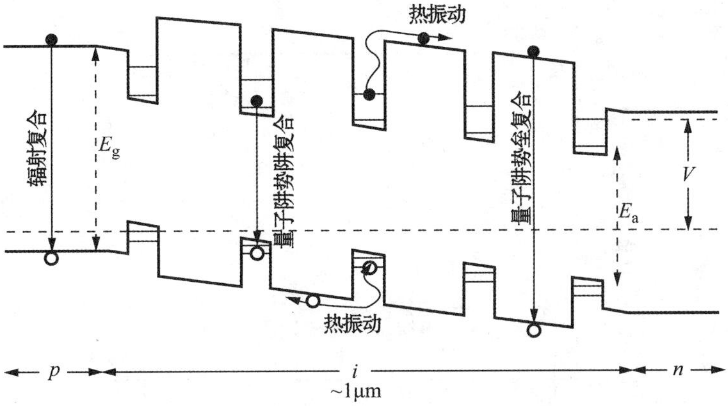

图 6.2 应力平衡量子阱电池的带隙
(图片来源:参考文献[4])

通过外延法,生长厚度为 1μm 的晶体。外延法要求,i 层 $In_xGa_{1-x}As$ 和 $GaAs_{1-y}P_y$ 的晶格系数和 GaAs 衬底一致,所以 $In_xGa_{1-x}As$ 势阱的晶格被压缩,$GaAs_{1-y}P_y$ 势垒的晶格被拉伸,如图 6.3 所示。

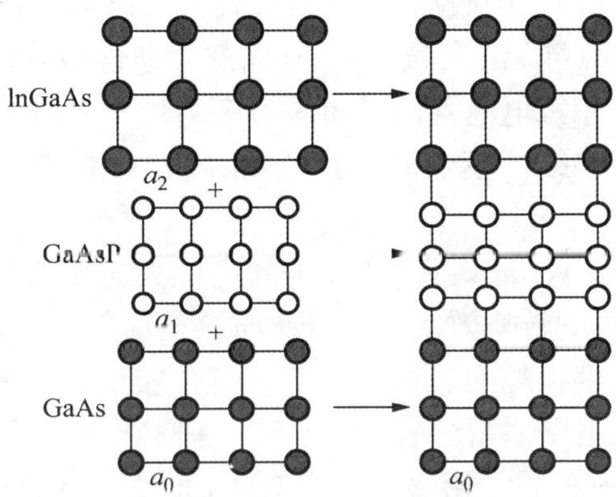

图 6.3 应力平衡量子阱电池的晶体结构
(图片来源:参考文献[4])

应力平衡量子阱电池结合聚光太阳能电池结构,使用反射镜和透镜等成本低廉的光学元件,可以把太阳光聚焦 500 倍,照射到小面积的半导体吸收层上,大大节省了昂贵的 GaAs 半导体材料,如图 6.4 所示。应力平衡量子阱电池,比在空间应用的双结或三结叠层 GaAs 电池更有成本和性能优势。

作为第三代太阳能电池的代表,应力平衡量子阱电池有 3 个明显的优势:

(1) 光谱可调:GaAs 的转换效率本来就很高,通过调节量子阱吸收层的成分和厚度,可以扩展 GaAs 的吸收光谱,以匹配太阳光谱,得到更高的转换效率。随着四季变换和日出日落,太阳光谱不断地变化,更宽的吸收光谱,可以更有效地吸收不同时段的太阳光,转换更多的电能。应力平衡量子阱电池可以制备单结电池,也可以制备 GaInP/GaAs、GaInP/GaAs/Ge 等多结叠层电池,进一步扩大吸收光谱,转换效率可以提高 4%左右。如果在西班牙这样的高补贴国家,4%的转换效率运作 25 年的所得,相当于电池的成本。

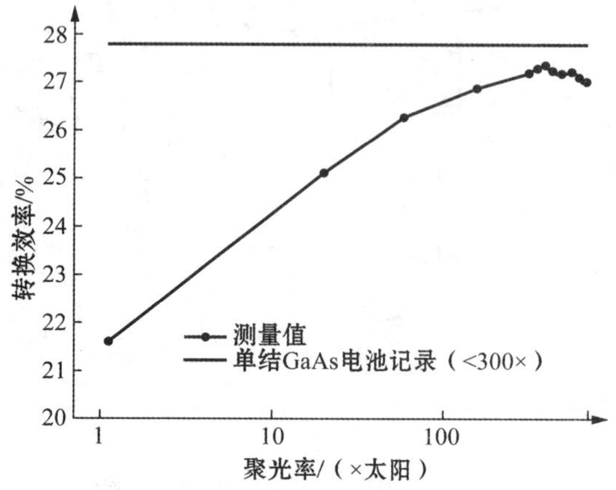

图 6.4 应力平衡量子阱电池的转换效率接近 GaAs 电池

（数据来源：SPIE）

（2）晶格缺陷少：应力平衡量子阱电池结构更稳定，性能更可靠，寿命更长。量子势阱和势垒的厚度尽可能小，势阱和势垒的应力方向相反，起到应力平衡的作用，可以减少位错等晶格缺陷，防止晶格缺陷成核并进入吸收层。在多结薄膜电池中，位错等晶格缺陷形成的复合中心，很难保持内建的弹性弛豫（elastic relaxation），而产生塑性弛豫（plastic relaxation），会影响暗电流，还会加速电池老化，缩短电池寿命。而应力平衡量子阱电池的寿命可以达到 25 年，甚至更长。不但使用寿命高于多结薄膜电池，而且在相同转换效率下，因为没有隧道结（tunnel junction），输出功率更高。

（3）光子回收（photon recycling）：在>200×的高度聚光条件下，应力平衡量子阱电池有光子回收效应，可以得到更高的转换效率。把分布布拉格反射镜（distributed Bragg reflector，DBR）制备在量子阱底部，产生损耗的非辐射载流子复合较少，而产生辐射的载流子复合发生后，光子可以被 DBR 反射回量子阱，再一次被吸收。这样减小了暗电流，增加的开路电压，转换效率可以提高 4%。应力平衡量子阱多结叠层电池，通过各层的互相吸收，可以更好地发挥光子回收效应。

英国 QuantaSol 公司，是一家英国帝国理工学院（Imperial College London）孵化的第三代太阳能电池高科技企业，正在实现应力平衡量子阱电池的产业化，如图 6.5 所示。QuantaSol 采用更深的量子阱，透明的衬底，优化的 DBR，进一步提高了单结和叠层电池的性能，应力平衡量子阱电池转换效率的目标是 40%，应用于大型电站。2007 年，英国投资公司 Imperial Innovations Group 注资£135 万，获得了 24%的股权。

图 6.5 QuantaSol 推出应力平衡量子阱电池

（图片来源：QuantaSol）

6.3 纳米太阳能电池

把纳米技术应用于太阳能电池，开发的纳米太阳能电池(nanostructured solar cell)，也属于第三代太阳能电池，可以提高电池的转换效率并降低成本。

最近有报道，用纳米化学方法制备的 10cm×10cm 纳米棒(nanorod)电池，转换效率和晶体硅电池相当，但是成本低得多，是纳米电池产业化的一个方向。在 Pt 盐溶液中，用表面活性剂(surfactant)和模板(template)合成 Pt 纳米棒，再把这些纳米棒制备在导电玻璃上。这种结构使用的 Pt，是之前方法的 1/40，如图 6.6 所示[5]。

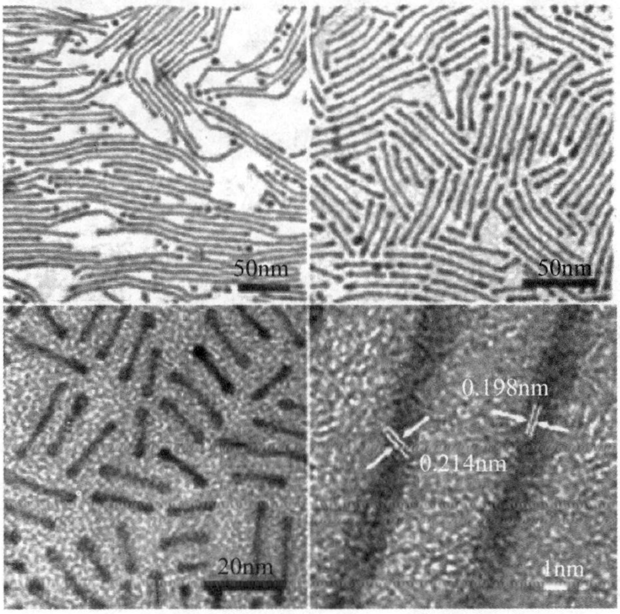

图 6.6 纳米电池中的 Pt 纳米棒
(图片来源：Angewandte Chemie)

Ⅲ-Ⅴ族半导体材料 GaAs，几十年来一直是太阳能电池的热门候选材料。在晶体硅电池中，Ⅲ-Ⅴ族半导体薄膜可以大大提高转换效率，但是由于价格昂贵，这种方法不具有商业价值。现在通过纳米技术，把 GaAs 制备成低耗材、低成本的纳米线(nanowire)，生长在硅、碳衬底上或柔性聚酯(polyester)衬底上，可以得到理论转换效率 40%的纳米线电池。

在衬底上生长丛林状的 GaAs 纳米线，形成的吸收面比平面大得多。所以，纳米线电池吸收太阳光的能力非常强，有很好的陷光作用。5 年内转换效率的目标为 20%，长期为 40%。纳米线耗用的原材料相当少，电池的成本很低，如图 6.7 所示。

在晶体硅电池中，电池片越厚，入射光的吸收越好，但是电子输运也越困难，这种两难的问题只有通过平衡解决，为了得到最佳的性能，取一个折中的厚度。但是纳米线并不存在这样的困境。由于光吸收的方向和电子收集的方向垂直，所以纳米线的结构是非常理想的，充分地体现了第三代太阳能电池的优势。纳米线的长度较长，达到 5μm，增加了吸收。宽度较小，只有 10～100nm，有利于电子的输运和收集。

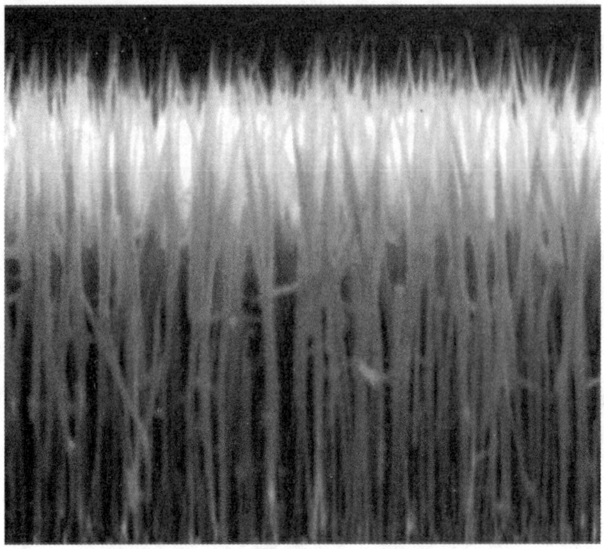

图 6.7　丛林状的 GaAs 纳米线

（图片来源：参考文献[6]）

也可以运用纳米线的技术，制备多结叠层纳米线电池，供选择的Ⅲ-Ⅴ族半导体材料包括 GaAs、InGaP、AlGaAs、GaAsP 等。相比晶体硅电池，多结叠层纳米电池的吸收光谱，更好地和太阳光谱对应。

纳米线电池，除了可以减少吸收层的材料使用，还可以选用低成本的衬底。可以选择硅、碳、玻璃等硬质衬底，也可以选择聚合物薄膜等柔性衬底。所以，纳米线电池可以使用低成本的卷对卷技术。

GaAs 纳米线除了可以形成丛林状形貌，还可以形成织物状形貌。采用聚乙烯亚胺(poly (ethylene imine)，PEI)对单壁碳纳米管(single-walled carbon nanotube，SWNT)进行化学修饰，合成了结构新颖的衍生物 PEI-SWNT，作为柔性衬底。将高密度的 GaAs 纳米线阵列，均匀地、高密度地生长在 PEI-SWNT 衬底表面，如图 6.8 所示。

(a)　　(a)

图 6.8　SEM 图像

(a) 织物状 GaAs 纳米线；(b) GaAs 纳米线制备在柔性 PEI-SWNT 衬底上

（图片来源：参考文献[27]）

支化高分子聚合物 PEI，$M_n = 10\mathrm{kDa}$，水溶解性高，溶解度 180mg/L。PEI-SWNT 的制备工艺，是将 PEI-SWNT 水溶液，通过 0.2μm 孔径的聚碳酸酯(polycarbonate)超滤膜(ultrafiltration membrane)。PEI-SWNT 衬底表现了优越的机械性能，高度柔性，任意地弯曲或折叠不会产生裂纹。

通过还原 $HAuCl_4$ 溶液，在 PEI-SWNT 衬底上生成 Au 纳米颗粒(nanoparticle)，可以控制颗粒的尺寸和密度分布。含有 Au 纳米颗粒的 PEI-SWNT 衬底，比普通的透明导电膜 TCO，厚度更薄、更柔性、导电率更高。这种纳米光敏材料，是未来柔性电池发展的重要方向，如图 6.9 所示[7]。

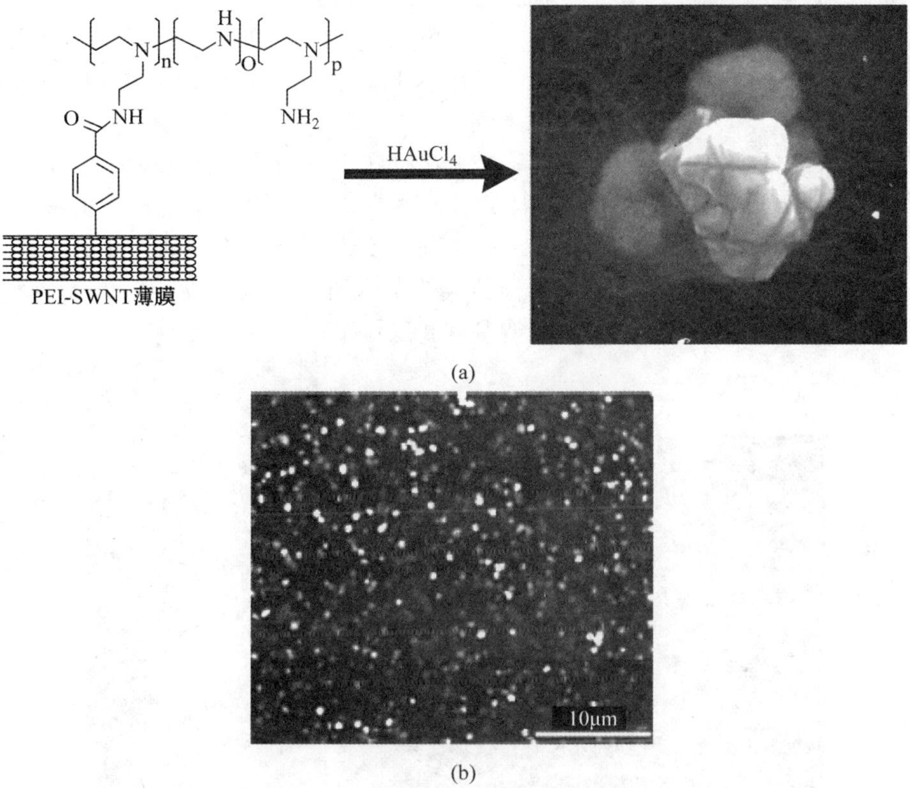

(a)

(b)

图 6.9 Au 纳米颗粒

(a) Au 纳米颗粒的形成；(b) PEI-SWNT 衬底上的 Au 纳米颗粒

(图片来源：参考文献[7])

除了 GaAs 纳米线可以制备纳米电池，InAs 纳米片(nanoplate)电池也是开发第三代纳米太阳能电池的重要方向。InAs 的晶体结构非常理想，可以吸收几乎所有的入射光，InAs 纳米片电池只耗用少量的半导体原材料，成本低廉，转换效率达到 30%[8]。

通过分子束外延法(molecular beam epitaxy)InAs 晶体生长，生成很多细长的纳米片，按丛林状排布。丛林状纳米片大大地增加了入射光的吸收面积，有效地发挥了陷光作用，如图 6.10 所示。

分子束外延法使用高温汽化的 InAs，在衬底的高能量表面外延生长 InAs 晶体，纳米片整体是扁平的，顶端呈三角形。纳米片的宽度随着生长时间增长，45min 生长的宽度为 350nm，

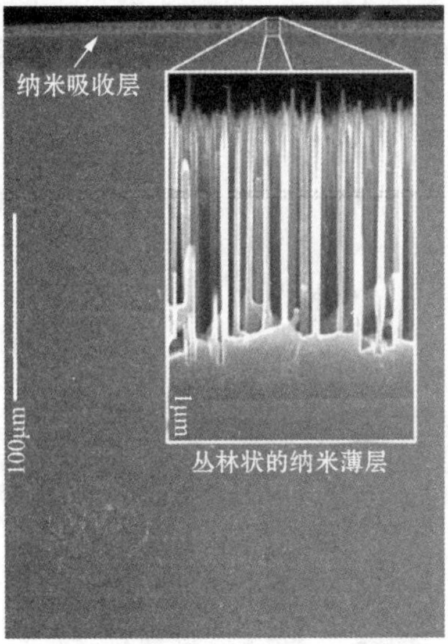

图 6.10　衬底上的丛林状 InAs 纳米片
(图片来源:参考文献[9])

60min 生长的宽度为 500nm,如图 6.11 所示。(a)和(b)中,InAs 纳米片在垂直于 GaAs 衬底的(100)晶向上外延生长。(c)和(d)中,SEM 从晶体上方拍摄,纳米片厚度为 60nm,可以通过改变催化剂 Au 粒子的直径,调节纳米片厚度。

丛林状 InAs 纳米片作为纳米电池的基本结构,具有不少特点:

(1) 缩短了载流子产生到收集的距离,减小了能量损失,提高了电性能。

(2) InAs 不需要和衬底晶格匹配,衬底的作用只是生长纳米晶体和作为背电极导电,对衬底的选择要求不高。

(3) 丛林状 InAs 厚 5μm,仅用少量的 InAs,衬底厚 360μm,要求不高。因此,电池成本低廉。

丹麦 SunFlake 公司,正在研发 InAs 纳米片电池,目标转换效率达到 30%,其 NanoFlakes 纳米单晶结构受专利保护[10],如图 6.12 所示。

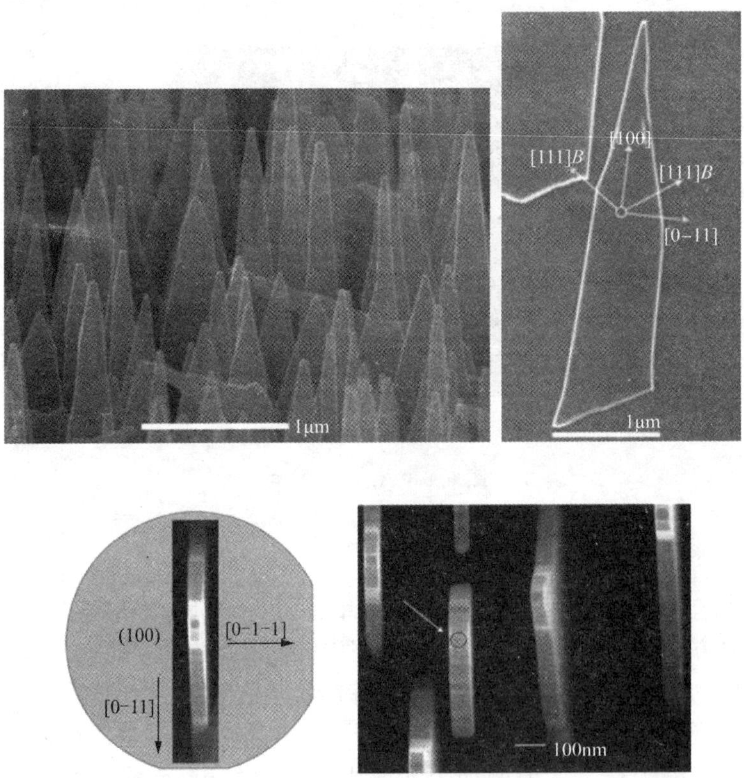

图 6.11　InAs 纳米片的 SEM 图像
(a)、(b)侧视图;(c)、(d)俯视图
(图片来源:参考文献[9])

图 6.12 纳米太阳能电池企业 SunFlake
（图片来源：SunFlake）

6.4 石墨烯太阳能电池

2004 年，英国曼彻斯特大学（University of Manchester）的安德烈-海姆（Andre Geim）等将石墨材料，分离成仅有一层碳原子的薄膜结构，得到的石墨烯（graphene）具有六角形两维晶格排列。石墨烯的问世引起了全世界的研究热潮。其制备方法是，将石墨氧化物剥落成单层原子的片状，再进行热还原，得到厚度为 10nm 的石墨烯，如图 6.13 所示。

图 6.13 石墨烯的蜂窝状单原子层结构
（图片来源：Wikipedia）

蜂窝状石墨烯不仅是已知材料中最薄的一种，还非常稳定坚固。迄今为止，研究者仍未发现石墨烯中有碳原子缺失的情况。当施加外部机械力时，碳原子面就弯曲变形，从而使碳原子不必重新排列来适应外力。

这种稳定的单层原子晶格结构使碳原子具有优越的导电性能。石墨烯在室温下传导电子的速度比已知导体都快得多，电子的运动速度达到了光速的 1/300，必须用量子力学来描述。在晶体硅或大多数半导体、导体材料中，电子运动会和离子碰撞，发生散射，并产生热量，宏观上表现为电阻发热，但是石墨烯没有这样的电阻，它实现了常温下的超导现象。

作为太阳能电池导电窗口层的理想材料，石墨烯的优良特性包括[11]：

(1) 电导率高；

(2) 可见光和红外光的透明度高，在 1～3μm 波段的透明度>70%；

(3) 机械稳定、化学稳定、热稳定；

(4) 表面光滑；

(5) 润湿性可调；

(6) 制备工艺简单，适合低成本大规模工业生产。

新型的染料敏化电池，用透明石墨烯薄层作为窗口层阳极电极，染料敏化的 TiO_2 作为异质结吸收层，镀金薄层作为阴极电极，如图 6.14 所示。虽然这样的染料敏化电池转换效率仍然不高，但是这样的第三代太阳能电池概念，发展潜力巨大。

图 6.14　石墨烯作为窗口电极的染料敏化电池

（图片来源：Max Planck Institute for Polymer Research）

石墨烯也可以具有 0.26eV 的带隙，这开辟了把石墨烯作为吸收层，制备石墨烯太阳能电池(graphene solar cell)的研究方向[12]。通过石墨烯和 SiC 衬底的互相作用，改变了石墨烯中碳原子晶格的对称性，角分辨光电子发射能谱(angle resolved photoemission spectroscopy, ARPES)显示，石墨烯产生了 0.26eV 的带隙，如图 6.15 所示。在动量空间中，晶格对称性的改变，分离了 K 和 K'的晶格能带，形成了石墨烯的导带和价带之间的带隙。石墨烯和衬底的相互作用，需要足够强，才能形成带隙。但是，石墨烯和衬底的相互作用，又不能太强，以免影响石墨烯的优良特性。不同的衬底会使衬底和石墨烯的相互作用强度不同，引起不同大小的带隙。就像爱迪生发明白炽灯时，尝试了很多灯丝的材料，石墨烯太阳能电池的进一步发展，也需要通过大量工作，来寻找合适的衬底。

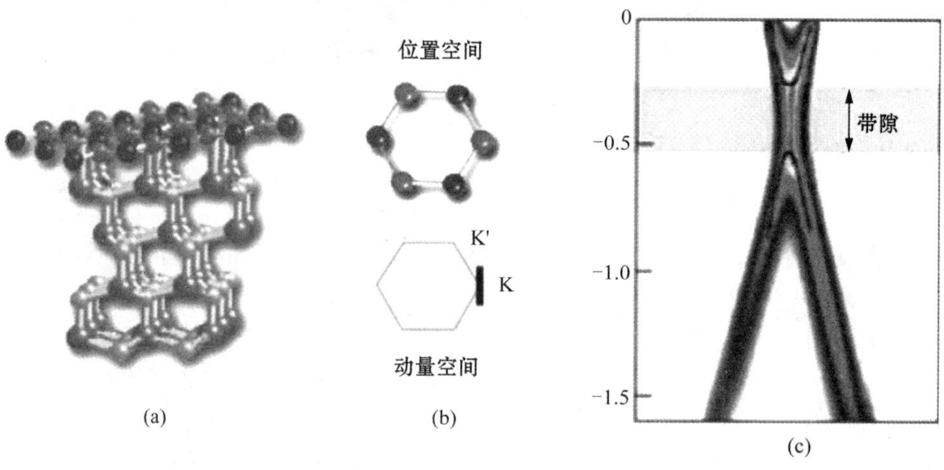

图 6.15　石墨烯

(a) SiC 衬底上的石墨烯分子；(b) 位置空间和动量空间中的晶格；

(c) 带隙的 ARPES 图

（图片来源：加州大学伯克利分校）

6.5　纳米天线太阳能电池

第一代晶体硅电池、第二代薄膜电池和柔性电池、大多数第三代太阳能电池，其物理基础都是光的波粒二象性中的粒子性。在这些具有合适带隙的半导体材料中，入射的光子激发价带电子进入导带，产生自由电子，形成电流。但是，波粒二象性告诉我们，太阳光可以被理解为光子，也可以被理解为电磁波。如果借用偶极天线(dipole antenna)接收无线电信号的方式，理论上也可以制备出天线太阳能电池(rectenna solar cell)，这样的概念最早由 Bailey 在 1972 年提出[13]。

半导体的带隙局限了普通太阳能电池的转换效率，但是天线太阳能电池不会存在这样的问题。在天线太阳能电池中，具有很宽响应光谱的整流天线，可以把太阳光转换为直流电流。由于太阳光的入射光谱很宽，必须有不同尺寸的整流天线对应不同的入射单色光，分为两个偏振方向，产生共振。整流电线的尺寸必须和太阳光波长相当，要在几百 nm 到几 μm。在纳米技术得到发展之前，这样的制备工艺很难实现。

在金属衬底上，用等离子体增强化学气相沉积，制备定向多壁碳纳米管(aligned multi-walled carbon nanotube，aligned MWCNT)，可以得到高转换效率的纳米天线太阳能电池(nanorectennas solar cell)，如图 6.16 所示。多壁碳纳米管一般直径 50nm，长度 200～1 000nm，相当于光学天线，接收紫外光、可见光和红外光。覆盖了金属膜的半导体部分，连接了多壁碳纳米管和金属衬底，并起到整流的作用，把交流电流转换为直流电流[14]。

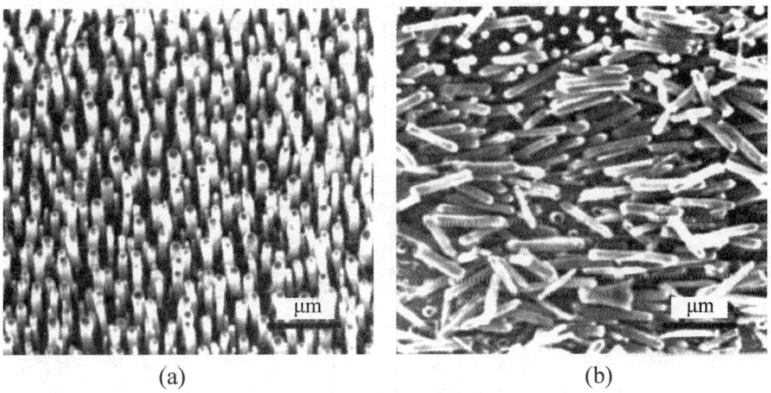

图 6.16 多壁碳纳米管 MWCNT

(a) 定向多壁碳纳米管；(b) 无序多壁碳纳米管

(图片来源：参考文献[15])

纳米天线电池采用自下而上的制备工艺(bottom-up fabrication procedure)，这种合成工艺是逐层技术(layer-by-layer technique)，适合大规模工业生产，如图 6.17 所示。以下是单一波长纳米天线电池的制备工艺。

(1) p+-Si 半导体层，沉积在 Al 金属衬底上，采用标准工艺，保证半导体层和金属衬底之间的欧姆接触(ohmic contact)。用磁控溅射(magnetron sputtering)，将 Ni 颗粒催化剂沉积在半导体层上，如图 6.17(a)所示。

(2) 通过蚀刻工艺，形成 Ni 颗粒催化剂阵列，为生长碳纳米管(carbon nanotube，CNT)做准备。2000 年后纳米化学的进展，促进了碳纳米管的合成技术的成熟，对工业化生产纳米天线电池起到关键的作用。碳纳米管的直径和长度，可以通过生长参数精确地化学控制[15]。这里，Ni 颗粒催化剂的阵列尺寸，直接影响碳纳米管的直径，如图 6.17(b)所示。

(3) 在 NH_3 和 C_2H_2 气氛下，运用直流辉光放电等离子体(DC glow discharge plasma)技

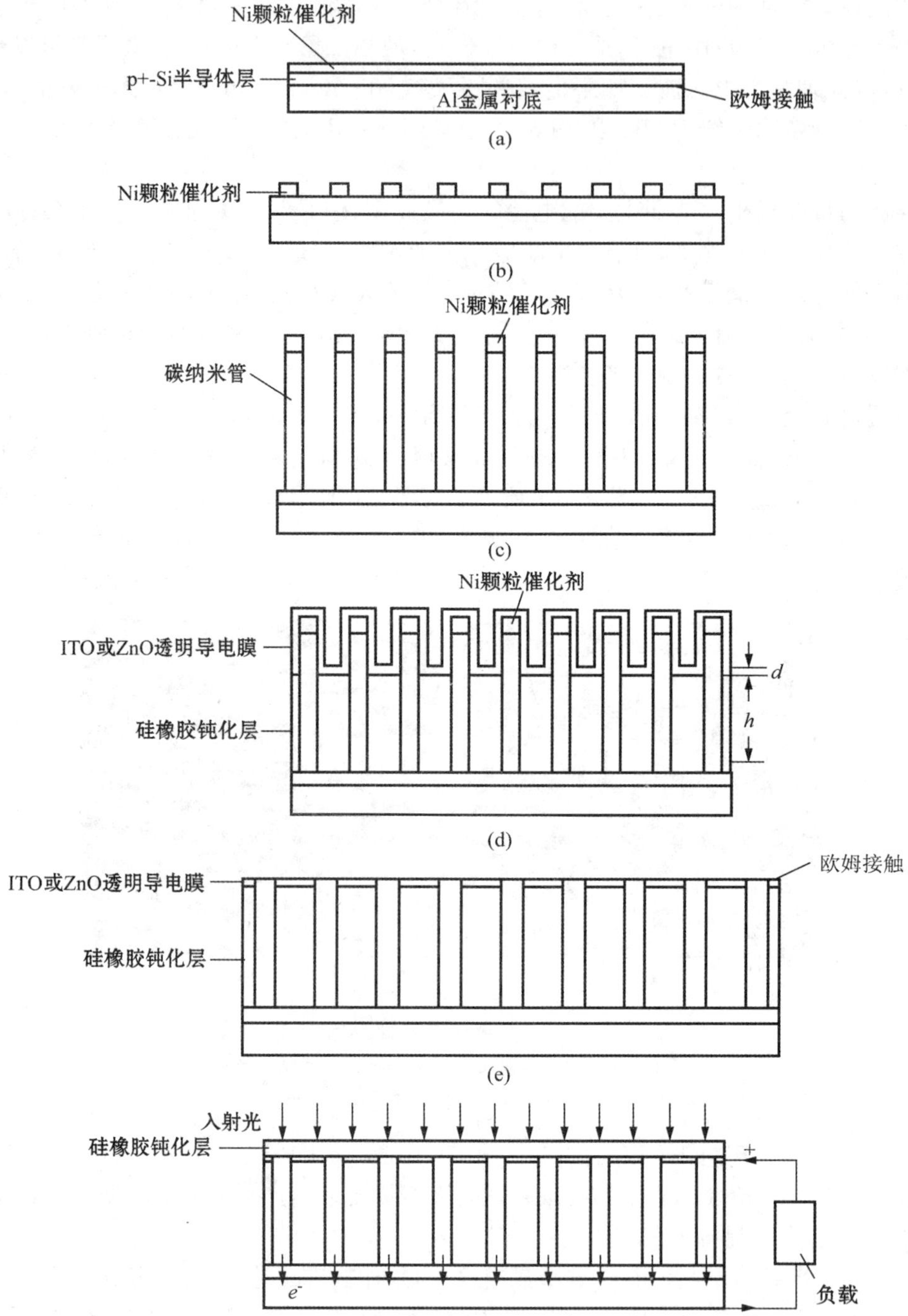

图 6.17 纳米天线电池的制备工艺

(图片来源:参考文献[14])

术,从 Ni 颗粒催化剂底部,生长出定向碳纳米管阵列。用 1～2min 生长时间,可以生长出<1μm长的碳纳米管。碳纳米管长度、直径、平直度等形貌参数,可以通过等离子体强度、生长时间、温度等生长参数,精确地调节。在碳纳米管的底部,形成了碳纳米管-半导体隧道结,起

到整流的作用，将碳纳米管光学天线激发的交流电流，转换为直流电流。由于碳纳米管表现出金属特性，所以碳纳米管-半导体隧道结的特征，类似于金属-半导体隧道结。为了量子力学的隧道效应控制热离子发射（thermionic emission），碳纳米管的平均直径要求＜70nm，如图6.17(c)所示。

(4) 高度透明的硅橡胶（silicone elastomer），可以起到钝化层（passivation layer）的作用。使用旋涂工艺和＜200℃的烘烤，在碳纳米管之间，制备硅橡胶钝化层。旋涂的效果，由旋转速率和硅橡胶聚合物溶剂的黏度决定。之后，运用电子束蒸发（e-beam evaporation）或旋涂，在硅橡胶钝化层和碳纳米管的表面，沉积 ITO 或 ZnO 透明导电膜。$h=\lambda/4n-d$ 或 $h=\lambda/2n-d$，其中：λ 是入射光在真空中的波长，n 是硅橡胶钝化层的折射率，$d<<\lambda/4n$ 或 $\lambda/2n$，$h=50\sim500\text{nm}$，如图 6.17(d)所示。

(5) 由于碳纳米管生长的长度 $>\lambda/4n$ 或 $\lambda/2n$，对电池的上表面抛光，去除碳纳米管的突出部分，使碳纳米管的横截面暴露出来。碳纳米管和 ITO 或 ZnO 透明导电膜之间，是欧姆接触。之后，在电池表面，再次旋涂硅橡胶钝化层，使碳纳米管的表面覆盖的电介质均匀分布，起到保护碳纳米管的作用，如图 6.17(e)所示。

(6) 每个碳纳米管天线都是电流源，以并联电路的形式相互连接。上下两个导电层作为两个电极，和外部负载连接，产生电流。由于碳纳米管天线的电阻非常低，被整流的直流电流相对较大，如图 6.17(f)所示。

通过这样的制备过程，得到单一波长纳米天线电池。如果入射光为单色，并且偏振方向沿着碳纳米管阵列方向，从入射光到直流电流的转换效率＞90%。

纳米天线也可以印刷在柔性衬底上，制备成本低廉的柔性电池。在美国爱达荷国家实验室（Idaho National Laboratory，INL）获得技术专利的工艺中，含 Au 的纳米天线被印刷在微型邮票状的螺旋状方块中，如图 6.18 所示[16]。每个螺旋状方块的边长只有头发直径的 1/25，相互连接。纳米天线的长度和太阳光波长相当，从几百 nm 到几 μm。这种塑料薄膜上制备纳米天线电池的工艺，适合大规模生产。

图 6.18　INL 纳米天线电池的 SEM 图像

（图片来源：美国爱达荷国家实验室）

INL 纳米天线电池吸收红外光的能力特别强。太阳光中很大一部分是红外光，不少红外光被地面吸收，在日落后又被释放出来。INL 纳米天线电池组件有双面：上表面吸收太阳光；下表面吸收地面发出的红外光，转换效率达到 80%。

INL 纳米天线电池可以通过卷对卷技术，制备在金属或塑料衬底上，如图 6.19 所示。事实上，因为厚度正好合适，INL 纳米天线电池第一次印刷的衬底是《华尔街日报》(Wall Street Journal)的包装塑料袋。

图 6.19 印刷在塑料衬底上的纳米天线电池
(图片来源：美国爱达荷国家实验室)

参考文献

[1] US Department of Energy Office of Science. Basic Research Needs for Solar Energy Utilization [R/OL]. US Department of Energy, 2005. http://www.er.doe.gov/bes/reports/files/SEU_rpt.pdf.

[2] Rim, S.-B., Zhao, S., Scully, S. R., McGehee, M. D. and Peumans, P. An effective light trapping configuration for thin-film solar cells [J]. Applied Physics Letters, 2007, 91: 243501.

[3] Green, M. A. Third Generation Photovoltaics: Ultra-High Efficiency at Low Cost [M]. Berlin: Springer-Verlag, 2003.

[4] Mazzer, M., Barnham, K. W. J., Ballard, I. M., Bessiere, A., Ioannides, A., Johnson, D. C., Lynch, M. C., Tibbits, T. N. D., Roberts, J. S., Hill, G. and Calder, C. Progress in quantum well solar cells [J]. Thin Solid Films, 2006, 511—512: 76.

[5] Sandler, G. Bar Ilan University makes solar cells 10× bigger thanks to Nanotechnology [EB/OL]. October 16, 2007. http://www.israel-times.com.

[6] Chen, C., Shehata, S., Fradin, C., Couteau, C., Weihs, G. and LaPierre, R. R. Self-directed growth of AlGaAs core-shell nanowires for visible light applications [J]. Nano Letters, 2007, 7: 2584.

[7] Lawson, G., Gonzaga, F., Huang, J., de Silveira, G., Brook, M. A. and Adronov, A. Au-Carbon Nanotube Composites From Self-Reduction Of Au^{3+} Upon Poly (Ethylene Imine) Functionalized SWNT Thin Films [J]. Journal of Materials Chemistry, 2008, 14: 1694.

[8] SunFlake A/S [EB/OL]. http://www.sunflake.dk.

[9] Aagesen, M., Johnson, E., Sørensen, C. B., Mariager, S. O., Feidenhans, R., Spiecker, E., Nygård, J. and Lindelof, P. E. Molecular beam epitaxy growth of free-standing plane-parallel InAs nanoplates [J]. Nature Nanotechnology, 2008, 2: 761-764.

[10] Martin Aagsen. An optical device WO/2008/067824, US Patent 60868826 [P]. University of Copenhagen, 2008.

[11] Wang, X., Zhi, L. and Müllen, K. Transparent, Conductive Graphene Electrodes for Dye-Sensitized Solar Cells [J]. Nano Letters, 2008, 8: 323.

[12] Zhou, S. Y., Gweon, G.-H., Fedorov, A. V., First, P. N., de Heer, W. A., Lee, D.-H., Guinea, F., Castro Neto, A. H. and Lanzara, A. Substrate-induced bandgap opening in epitaxial graphene [J]. Nature Materials, 2007, 11: 916.

[13] Bailey, R. L. A proposed new concept for a solar-energy convertor [J]. Journal of Engineering for Power, 1972, 94: 73.

[14] Ren, Z., Kempa, K. and Wang, Y. Solar cells using arrays of optical rectennas, US Patent 20070240757 [P]. 2007.

[15] Wang, Y., Kempa, K., Kimball, B., Carlson, J. B., Benham, G., Li, W. Z., Kempa, T., Rybczynski, J., Herczynski, A. and Ren, Z. F. Receiving and transmitting light-like radio waves: Antenna effect in arrays of aligned carbon nanotubes [J]. Applied Physics Letters, 2004, 85: 2606.

[16] Stricker, N. Harvesting the sun's energy with antennas [EB/OL]. Idaho National Laboratory, December 17, 2007. http://www.inl.gov/featurestories/2007-12-17.shtml.

7　太阳能产业的发展趋势

7.1　应对能源危机和全球气候变暖

现代社会对石油和天然气有很强的依赖，石化能源的价格对各国的经济政治有着很大的影响。在被称为“车轮上国家”的美国，汽油价格高涨会成为街头巷尾人们讨论的热门话题，这为华盛顿的官僚们产生了不小的压力。世界上很多问题存在着辩证的关系，有作用力也有反作用力，石化能源的价格会影响政治，政治也会影响石化能源的价格。历史上，原油市场不但受石油生产的影响，也受政治形势变化的很大影响，经历了一次又一次的短缺或生产过剩引起的价格波动，如图 7.1 所示。

1973 年出现了空前的世界石油危机，20 世纪 70 年代也是太阳能技术发展和产业化的第一次高潮。2000 年后原油价格再一次飞涨，对世界经济产生了巨大的影响，2008 年 3 月原油价格达到了＄104/桶。21 世纪开始 10 年的油价高涨和多国政府的补贴政策出台，共同造就了规模化的太阳能产业。

虽然原油市场受政治经济影响很大[1]，但是从地质学角度讲，世界年探明储量在 1960 年达到了峰值，随着近几十年来的技术发展和政府税收的不断优惠，每年的探明储量没有增加，反而减少，如图 7.2 所示。这让人们达成了共识，石油耗竭的趋势不可逆转[2]。

在美国，原油探明储量的峰值出现在 1931 年。1956 年 Hubbert 提出的石油峰值理论，在 1971 年真的出现了，如图 7.3 所示。如今，美国的石油 60％依赖进口。能源投资回报率 EROI，是指产出能源焦耳数和投入能量焦耳的比值。由于开采石油的难度越来越大，成本越来越高，美国石油工业的 EROI 从 1930 年的 100 降至现在的 15[4]。如果再考虑设备投资、环境污染、人员工资等因素，EROI 必须＞5，整个石油产业才能正常运行，依赖于石油的现代文明才能继续发展[5]。美国和全世界正面临着石油枯竭的考验。

相对传统能源的枯竭问题，太阳能的发展潜力巨大，整个地球接收 120 000TW（terawatt，10^{12}W，太瓦）的太阳光，储量是其他可再生能源的数万倍，见表 7.1。太阳在地上日照 1h 的能量，相当于现在地球上一年所需要的能源总和。即使到了 2050 年，只要全世界 0.125％的面积上铺上转化效率 20％的太阳能电池，就可以供给全人类所需的所有能源需求。为了应对日益激烈的能源危机，光伏发电不失为一种可行的解决方案。

太阳能还可以替代具有危险性的核能发电。英国现在有 12GW 的核电，是电力需求的 1/6。如果德国保持现在的太阳能发展速度，将在 2012 年达到 12GW 的太阳能发电量。英国的太阳光照条件和德国差不多，如果英国的太阳能安装的年增长速度保持在 40％，将在 2023 年实现 12GW 的太阳能发电量。

能源危机是一个人类发展不可回避的问题，全球气候变暖也是一个困扰我们的难题。当工业需要的主要燃料在几个世纪中，从木材向煤炭转变，再从煤炭向石油转变，大气中 CO_2 含量发生了爆炸性的增长，现在已经高达 350ppm（百万分之一），温室效应最终导致了全球气候

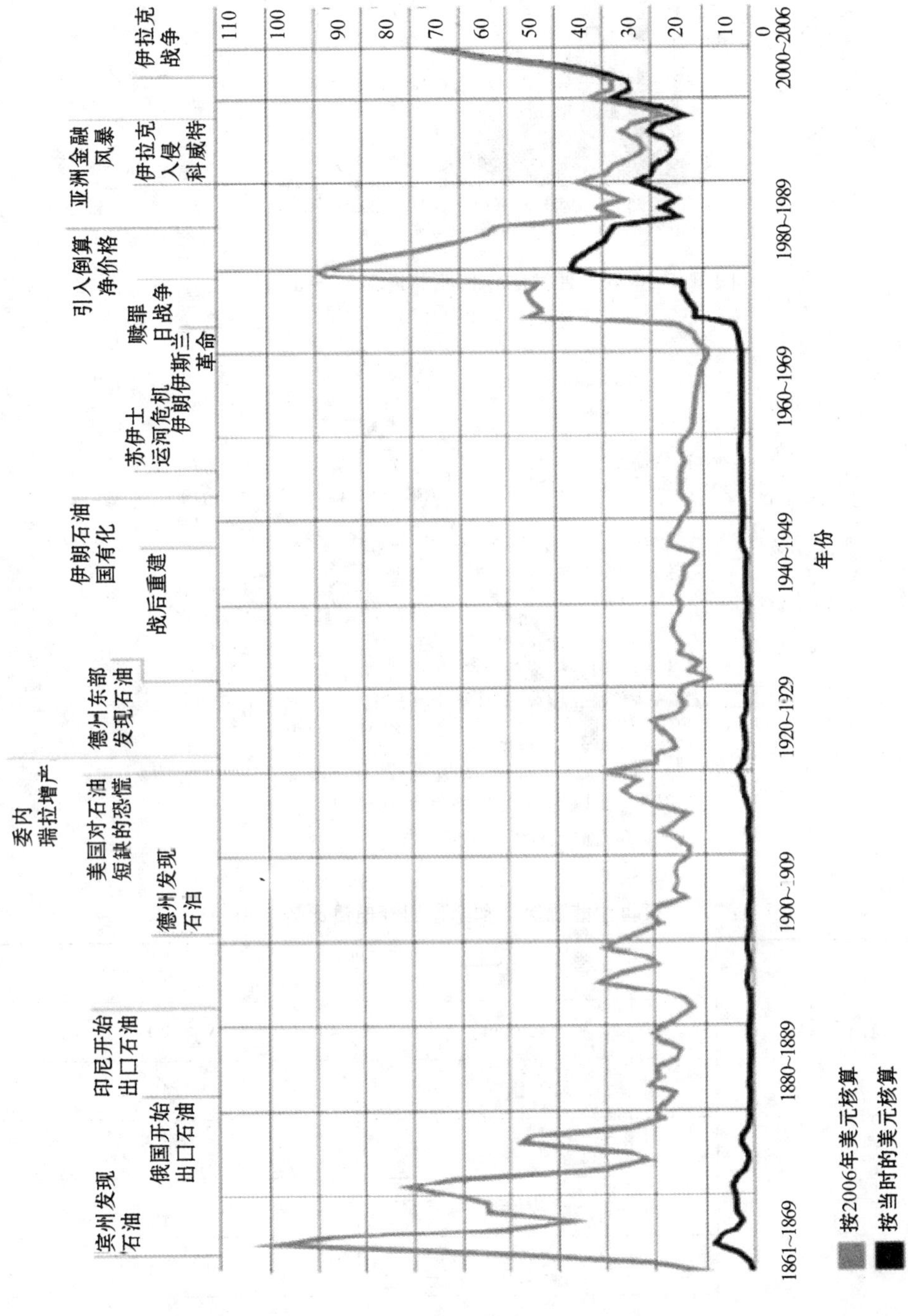

图7.1 历史上的原油价格受石油生产或政治事件影响

（数据来源：BP）

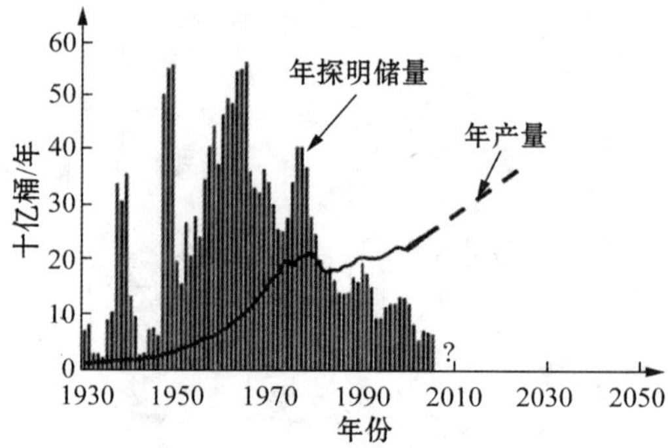

图 7.2　世界上原油的年探明储量和年产量
（数据来源：参考文献[3]）

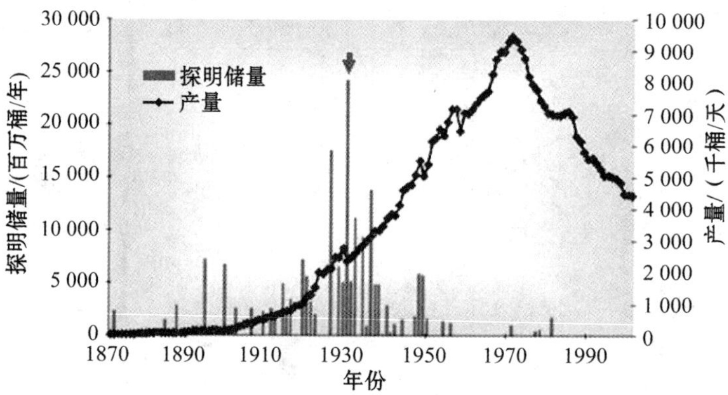

图 7.3　美国原油的探明储量和产量
（数据来源：参考文献[3]）

表 7.1　可再生能源储量和全世界耗电量比较

全世界耗能总和/TW	2004 年	13
	2050 年	30
	2100 年	46
全世界储量总和/TW	水利能	0.5
	潮汐能	2
	地热能	12
	风能	3
	太阳能	120 000

（数据来源：N. S. Lewis，Global Energy Perspective）

变暖，如图 7.4 所示。

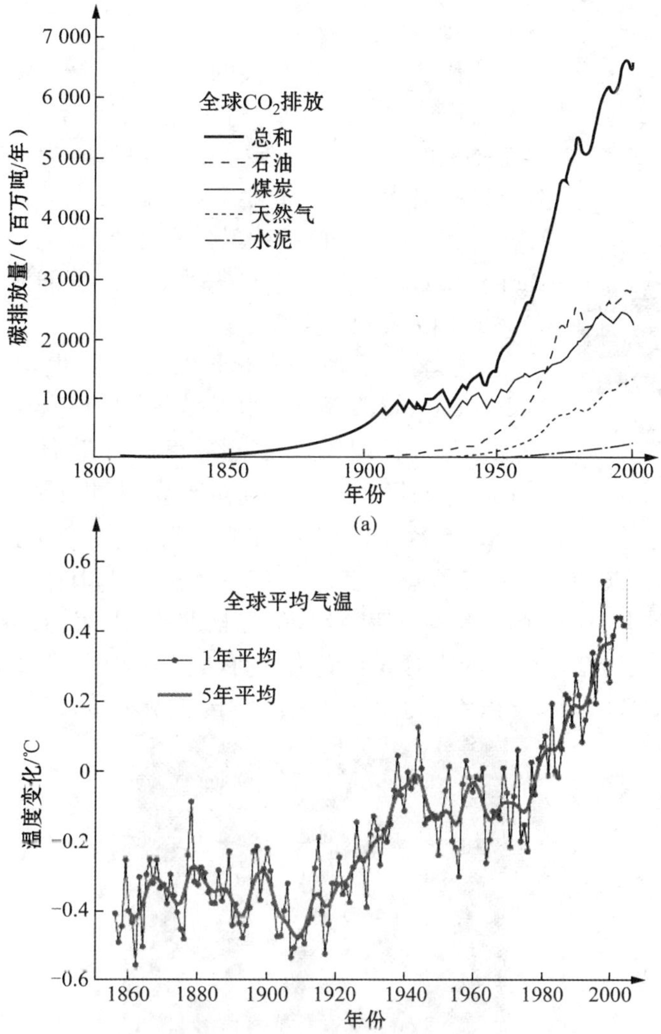

(b)

图 7.4 CO_2 排放和全球变暖

(a) 全球碳排放量；(b) 气候变暖

（数据来源：联合国 IPCC）

前任美国副总统，戈尔（Albert Gore）主演的《难以忽视的真相》（An Inconvenient Truth）获得 2006 年第 79 届奥斯卡最佳纪录片。影片向人们展示全球变暖的危害，长此以往，冰川将融化、洪水将泛滥，人类的家园将遭遇毁灭性破坏，如图 7.5 所示。戈尔也凭此片及其一直以来对环境保护的贡献，和联合国政府间气候变化专家小组（Intergovernment Panel on Climate Change，IPCC）分享了 2007 年度诺贝尔和平奖。戈尔成为有史以来第一位既获得奥斯卡奖，又获得诺贝尔奖的人物。

戈尔在白宫任职期间，也曾积极推动克林顿签署《京都议定书》（Kyoto Protocol）。1997 年在日本京都签订的《京都议定书》规定，到 2010 年，所有发达国家 CO_2 等 6 种温室气体的排

图 7.5 《难以忽视的真相》
(图片来源:Climatecrisis. net)

放量,要比 1990 年减少 5.2%。各发达国家从 2008 年到 2012 年必须完成的削减目标分别是:欧盟削减 8%、美国削减 7%、日本削减 6%、加拿大削减 6%。

太阳能光伏发电最大的重要特征是在发电过程中释放很少的 CO_2,而人类产生的 CO_2 过量是造成温室效应的主要因素。《京都议定书》和戈尔这样环保主义者的推动,为可再生能源产业的发展建立了很有力的国家战略上和意识形态上的支持。世界能源组织 IEA,在为 2008 年 G8 峰会准备的报告 Empowering Variable Renewables 中宣称,经过努力,可再生能源在 2050 年可以减少 21%的 CO_2 排放量。

"地球一小时"(Earth Hour)是世界自然基金会(World Wildlife Fund,WWF),为了提高各国民众对全球气候变暖认识的一项倡议。各国民众通过每年 3 月最后一个星期六,当地时间 20:30~21:30,熄灯一小时,来表明对遏制全球气候变暖的支持,如图 7.6 所示。"地球一小时"活动首次于 2007 年在澳大利亚悉尼市展开,并以令人惊讶的速度很快席卷了全球。2008 年,有 35 个国家多达 5 000 万民众参与其中。2009 年,有来自 80 多个国家和地区的超过 3 000 个城市参与活动,其中包括北京、上海、香港等十余个中国城市。"地球一小时"已经成为全球最大的应对气候变化行动,成为一项全球性并持续发展的活动。

1979 年,Philip B. Crosby 出版了管理学名著《质量免费》(Quality is Free),标志着质量

(a)

(b) (c) (d)

(e) (f) (g)

图 7.6 “地球一小时”活动

(a)“地球一小时”的标识；(b) 澳大利亚悉尼歌剧院；(c) 北京鸟巢；

(d) 上海东方明珠；(e) 美国旧金山金门大桥；(f) 马来西亚吉隆坡双子塔；

(g) 意大利罗马斗兽场

(图片来源：Wikipedia)

管理学的诞生，如图 7.7 所示。产品或服务的零缺陷是质量合格的唯一标准，这样的管理理念深深地影响了全世界的制造业和服务业。Crosby 指出，质量不是成本的负担，而是利润的来源，零缺陷可以通过管理体系的完善来实现。

在火力发电中，煤炭 30%的化学能转化为电力，并产生大量的污染。在电力传输过程中又会损失 5%的电能。白炽灯泡所耗用的电能仅有 2.5%转化为光，其余的电能转化为没有用的热能。所以，原材料煤炭转化为白炽灯光的用电效率为 30%×95%×2.5%=0.71%。火力发电到白炽灯发光的过程，是一个质量不高的生产过程。而几乎各种工业生产的能源利用率都很低，很大比例的能量都转化为废渣、废气、废水或热量。如果用 Crosby 的管理学理论分析能源利用问题，具有不小的缺陷。而人类使用这种充满缺陷的能源利用方式，已经有几个世纪之久，CO_2 的过度排放造成了全球气候变暖。

如图 7.7 管理学经典《质量免费》

(图片来源：Amazon.com)

但是，CO_2 的零排放(zero emission)，是可再生能源发展的最终目标，就是环境控制中的零缺陷质量标准。太阳能是可再生能源的最重要形式，将是降低能源成本的手段，也是利润的来源。

据预测，21 世纪 50 年代，太阳能占全球年均耗能 1 150EJ(exajoule，10^{18} J)的 300EJ。到 21 世纪末，太阳能占全球年均耗能 1550EJ 的 1000EJ。21 世纪被称为“太阳能的世纪”也不为过，如图 7.8 所示。

能量密度(energy density)是指物体产生或消耗的能量和所占土地面积的比值。石油、煤炭等化石燃料的能量密度很高，为 $10^2 \sim 10^3$ W/m²，是高度浓缩的能源形式。植物的能量密度 <1W/m²，水力发电和风力发电的能量密度<10W/m²。相比之下，同为可再生能源的太阳能，能量密度>20W/m²，如图 7.9 所示。从这个角度讲，太阳能的能量密度比其他形式的可再生能源有着优势。未来的能源系统必须满足生态要求，太阳能电池的应用有很强的灵活性，既可以建成大规模电站，也可以组成小规模发电系统，都可以体现低能量密度的优势。

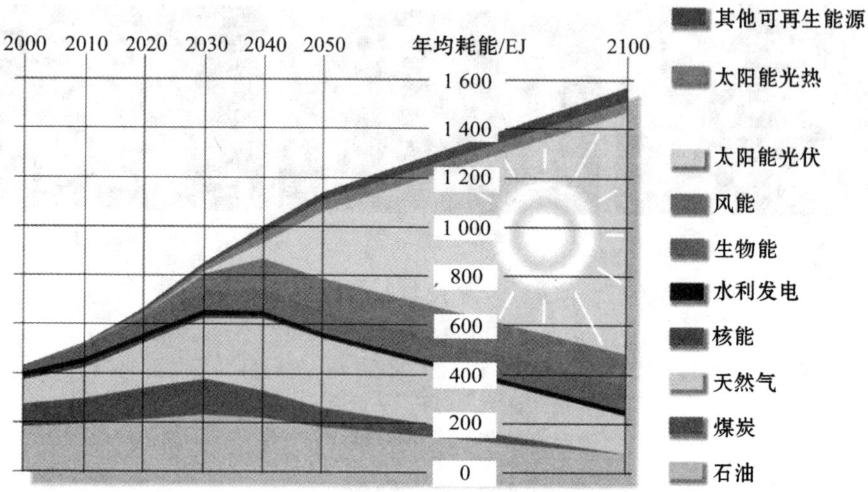

图 7.8　可再生能源在 21 世纪的发展趋势
（数据来源：欧瑞康）

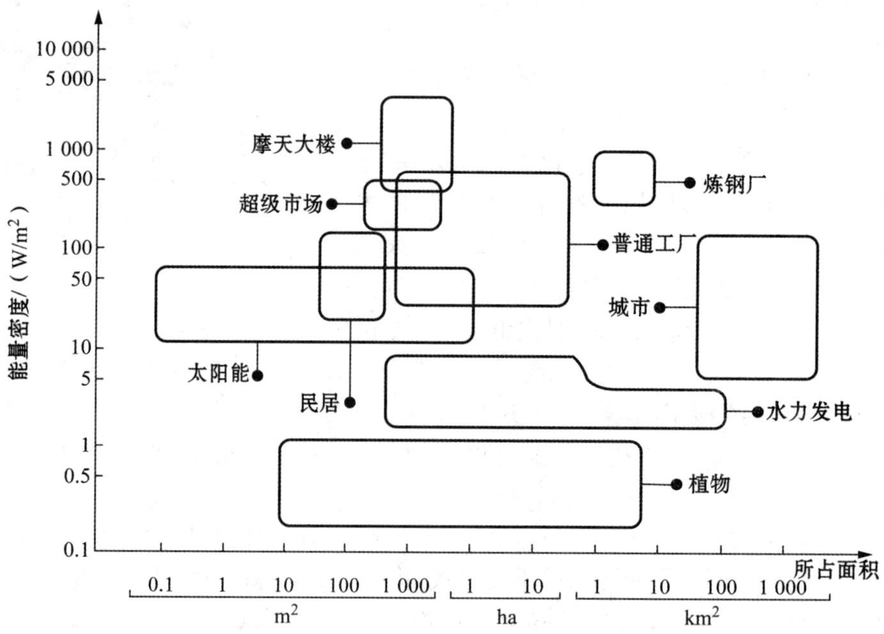

图 7.9　消耗能量和产生能量的能量密度
（数据来源：参考文献[6]）

7.2　发展太阳能的经济效益

虽然太阳能发电成本现在仍然比火电高，但是西方国家居民或发电企业，安装太阳能系统的经济效益可以通过政府补贴满足。太阳能的补贴政策，以上网电价为代表。上网电价是国家强制规定，电力公司必须购买用户太阳能电池的发电量，而且是高价收购，这是西方大多数国家采用的。上网电价的一种特殊形式是净计量电价(net metering)，补贴额和普通电价相等，适合如日本这样电价特别高的国家。

2004年7月31日，德国政府在波恩颁布了最新修订的《可再生能源法》EEG，根据不同的太阳能发电形式，政府给予为期20年，€0.45～0.62/kW·h的补贴，每年递减5%～6.5%，见表7.2。这一年的德国太阳能光伏上网电价是3倍的零售电价、也是8倍的工业电价。《可再生能源法》的推出，成为德国光伏市场增长的催化剂，在推出后的短短几年之内，德国光伏市场迅速发展，一举超过日本成为世界最大的光伏市场，行业的景气也催生了德国本土的Q-Cells，SolarWorld等一批世界级的光伏企业。太阳能光伏产业在2000年后，增长率一直保持>30%。而受德国政策的积极影响，2004年全球太阳能光伏产量突破了1GW，年增长率超过了60%，全球历年累计装机总量突破3GW。

表7.2 西方各国的太阳能补贴政策比较

德国	2004年最新修订了《可再生能源法》EEG，政府给予为期20年，€0.45～0.62/kW·h的上网电价补贴，每年递减5%～6.5%。2008年6月6日，德国议会通过议案，决定把年递减速率从5%～6.5%降为8%～9%
西班牙	2008年电力回购年限从20年延长至30年，回购价格€0.31/kW·h
美国	各州根据自己的实际情况，颁布了各有特点的太阳能补贴政策有上网电价、净计量电价、税收抵扣补偿、低息贷款等
日本	居民安装太阳能发电设备的投资50%由政府补贴，并采取净计量电价
韩国	2004～2011年投资$23亿，进行研发、设备补助和差额补助

1999年，美国仅有4个州推出了新能源补贴政策，而现在美国各州都分别颁布了一定的补贴政策。其中加利福尼亚州的支持力度最大。2006年8月，加州推出了“百万太阳能屋顶计划”，规划在10年内有100万个房屋屋顶，安装太阳能系统。加州由于政策扶持力度较大，近几年来成为美国最大的太阳能市场。

投资回报率(return on invested capital)是指企业营业净收入和投资额的比例，传统行业仅为4%～10%，银行利率为5%左右。由于西方各国对太阳能都有优惠的补贴政策，这些国家太阳能系统商投资回报率是10%～25%。特别是南欧各国阳光充裕如西班牙、意大利、法国和希腊，太阳能行业资本回报率都在20%以上，因此这些国家的太阳能发展趋势强劲，见表7.3。

表7.3 各国在政策补贴下的投资回报和需求增长

	德国	西班牙	意大利	法国	希腊	葡萄牙	韩国	美国
利率/%	5	5	5	5	5	5	6.7	5.5
太阳能系统商投资回报率/%	10.5	20.9	26.7	25.1	26	8	17.8	
2006年需求/GW	0.96	0.11	0.009	0.014	0.005	0.004	0.021	0.14
2007年需求/GW	1.33	0.64	0.07	0.04	0.012	0.01	0.05	0.22
预计2010年需求/GW	2.84	0.78	0.95	0.325	0.373	0.05	0.4	1.5
2006～2007年增长率/%	38	482	678	186	140	150	138	57
2007～1010年复合增长率/%	29	68	139	101	214	71	100	90

先举一个美国普通居民安装太阳能发电系统获得经济效益的例子。2005 年，美国新泽西州的 Frank Corradi，购买了太阳能电池组件，安装在自己家的别墅屋顶。由于得到州政府的新能源补助，Corradi 不但省去了每月 \$140 的电费，还每月挣得 \$110 现金，如图 7.10 所示。虽然太阳能发电的前期投入较大，但是 20 年的使用过程几乎不再出现费用。这一特点和房地产非常相似，因此在政府补助下，采用分期付款的购买方式，用户会得到不小的实惠。一般来说，美国一普通住宅安装 2.5～3kWp 的太阳能发电系统，一次性投资 \$19 000～22 500，可以每月节省电费 \$1 000，因此在政府补贴下，太阳能电池安装市场的前景广阔。

图 7.10　美国新泽西州居民安装的太阳能发电系统
（图片来源：参考文献[7]）

Schönau Electricity Works(EWS)是德国一家电力公司，过去其电力来自数座水电站以及德国瑞士边境的核电站。自从 1991 年德国政府颁布上网电价补贴政策以来，EWS 鼓励用户安装太阳能发电系统。在 20 世纪 90 年代末，EWS 用户中使用清洁能源的仅有 1 070 户，而如今增长为 31 000 户。

奥地利的 Güssing 镇有 4 000 的人口，正在建造称为 Rindler 的大型可再生能源发电站，总耗资 €5 000 万，太阳能发电量为 1.4MW，生物能发电量为 0.8MW。生物能发电以废木材为原料，先用水蒸气将废木材中的碳和氢分离，再把碳和氢合成为天然气，如图 7.11 所示。Rindler 不但可以供应全镇居民的用电需求，多余的发电量还可以送上国家电网，供应其他地区，可以减少 93%的 CO_2 排放[8]。

由于政策补贴，使用太阳能的居民和太阳能企业有利可图，风险投资在太阳能产业中也是盆满钵满。尽管太阳能企业的投资额，远比软件和网络企业要高，但是优秀太阳能企业的投资回报率稳定，成功率也高，因此投资太阳能比投资 IT 企业更稳健。全世界对可再生能源的投资从 2005 年的 400 亿美金，增长到 2006 年的 550 亿美金，再到 2007 年的 710 亿美金。

很多风险投资基金对新兴的太阳能企业都有强烈的投资兴趣。尽管阿拉伯联合酋长国的石油和天然气储量在全世界屈指可数，但是组建了 \$2.5 亿的投资基金 Masdar，对太阳能进行了大规模的投资[9]。伊斯兰国家的基金，积极地参与太阳能产业的投资，有两个原因：

图 7.11　奥地利一家可再生能源发电站除了太阳能还利用生物能发电
(图片来源：Bianca Otero，International Herald Tribune)

(1) 石油储量的逐年减少，令伊斯兰国家产生危机感，希望通过投资新能源继续财富的积累。

(2) 伊斯兰教中禁止对银行和保险公司进行投资，而鼓励对太阳能这样的实业投资。

华尔街著名独立分析师 J. Peter Lynch 对光伏产业发表了鲜明的观点：可再生能源产业才刚刚诞生，现阶段的新能源产业就像 1900 年的汽车工业，我们在未来的几十年里，甚至会看到几百家新能源企业在各国上市。这无疑会让投资者兴奋不已，因为投资者不但能够为自己创造巨大的价值，还能够使我们的世界摆脱矿物燃料的束缚，并且保护好环境。

PPVX 指数(Photon Photovoltaic Stock Index)是一个以欧元为单位的太阳能企业财经指数，是一个太阳能行业金融投资的风向标。PPVX 指数包含了全世界 30 个最有影响力的太阳能企业，始于 2001 年 8 月，每个星期更新一次。PPVX 指数在 2007 年增长了 151.6%，2008 年 1 月总市值达到€586 亿。

全球太阳能生产企业的总市值为＄1 400 亿，年增长率保持在 50%左右，是所有产业中增长最快的。2006 年总营业收入为＄106 亿，估计 2011 年全球太阳能产业营业收入为＄186～315 亿[10]。通过大幅度的融资，多家上市企业计划把产能扩大到 GW 量级。全球年产能从 2001 年的 0.26GW，增长到 2011 年的 20GW，2020 年有望达到 35GW[11]。

资本市场对太阳能的生产投资很大，对大型电站等应用项目也有着高度的投资热情。如果再算上政府补贴，居民对家用发电系统的投资，总投资额就相当大。2005 年，全世界有＄400 亿投资于包括太阳能和风能在内的新能源产业，2006 年为＄550 亿，2007 年为＄710 亿，如图 7.12 所示[12]。增长部分主要为了太阳能和风能，2007 年，太阳能和风能分别占 30%和 47%。

由于太阳能的高资本回报率，吸引了越来越多的投资，生产企业和服务业快速地发展，相关的就业机会也越来越多[13]。在德国，2006 年新增了 23.5 万个太阳能相关的就业机会。2020 年之前，全世界将新增 200 万个太阳能相关的就业机会，包括太阳能系统的安装人员、销售人员、机械工程师、生产企业的操作员、研发工程师和科学家。研发新型太阳能电池需要高层次的专业人才，他们的高工资可以转化为更高的产品价值[14]。不过，由于＞50V 的直流电可以致死，所以太阳能电池的安装人员，也需要得到充分的专业培训，获取资格证书后方能

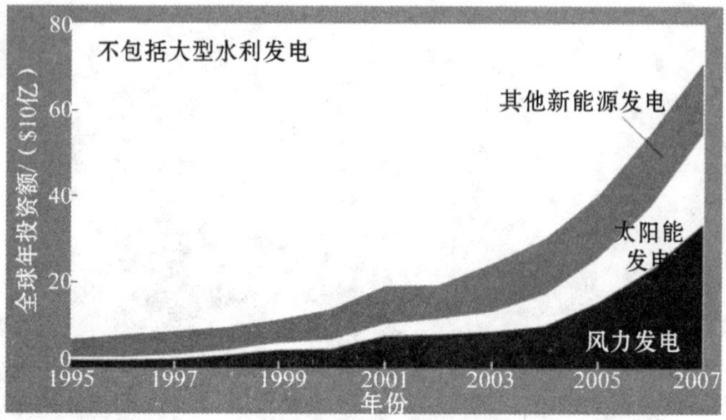

图 7.12　1995～2007 年，全球新能源的年投资额
（数据来源：Worldwatch Institute）

上岗。

如果说 IT 改变了传统的媒体行业，那么包括太阳能在内的各种新能源，正在改变着传统的电力行业，而且电力系统的分布，出现了一种新的形式，这种形式更合理，并可以从宏观上产生更大经济效益。过去的电力系统都是集中式的，火电站或水电站的发电功率为 500～3 000MW，并且需要长距离的电能传输。当太阳能为代表的可再生能源普及之后，发电系统将是分散式的，发电功率在 1kWp～5MWp，发电站的地点就在电力使用地，节省了高能量产生和长途输运带来的损耗和成本，如图 7.13 所示。在分散式发电系统中，用户和电网的互动，是一种比传统电力系统更先进的能源生产模式，可以说实现了所谓的精益生产（lean production）理念。和大规模的集中式发电系统相比，分散式发电系统降低了电力的库存和运输中不必要的浪费。在集中式发电系统中，用户只能被动地接受电网的电力，在以新能源为基础的分散式发电系统中，用户在并网发电后与电网产生了互动。由于这是被动和主动相结合的电力供应，也需要对电网管理进行一定的改造。

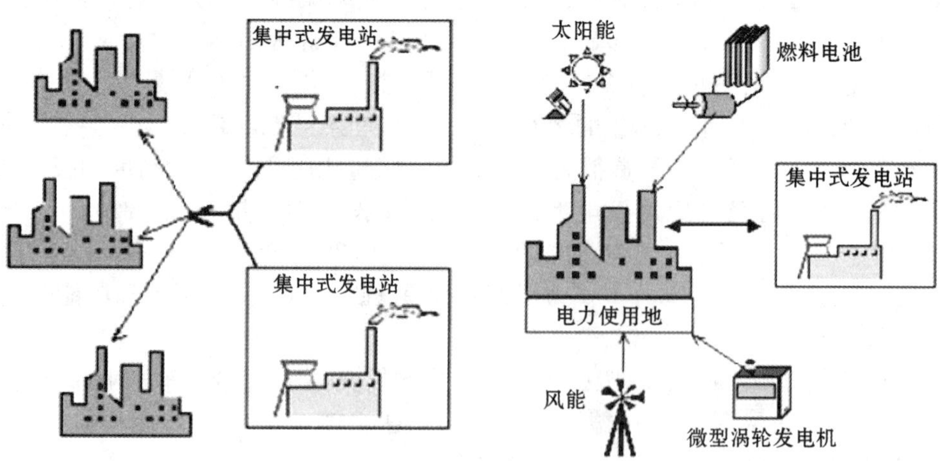

(a)　(b)

图 7.13　发电系统模式
(a) 集中式发电系统；(b) 分散式发电系统

太阳能发电的高峰时期往往是用电的高峰时期，也产生了独特的商业价值。在大多数发达国家，由于企业生产和写字楼办公，白天的电力需求要高于夜间一倍。传统电力供应在白天的边际成本(marginal cost)较高。但是，这时的太阳能发电处于峰值和电力系统的需求在时间上吻合。特别是在夏季的高温时期，建筑物的空调运转处在高功率状态，往往是全年用电的最高峰，电力系统接近超负荷运转。在2006年7月，欧洲经历了罕见的高温，在欧洲电力交易所(European Electricity Exchange，EEX)的现货市场，电价甚至超过了德国的上网电价补贴。高温时期的传统电力成本很高，但是太阳光照最理想，太阳能电池的发电功率也最高，而且分散式发电系统减轻了电网的负荷量。所以太阳能发电的普及，特别可以减轻电网全年中高峰期的用电压力和成本。

7.3　太阳能市场

2003～2008年，全球太阳能市场容量的年增长率保持在50%左右。其中，2005年和2006年分别为1.8GW和2.6GW，2007年和2008年分别突破了4GW和6GW，如图7.14所示。但是，相比全世界的4 000GW传统能源发电量，规模仍然较小，因此太阳能市场的发展潜力很大[15]。

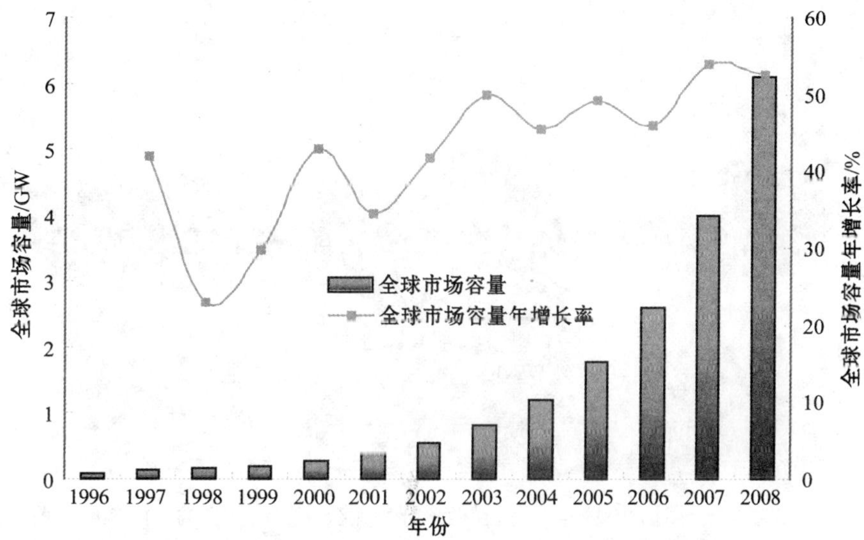

图7.14　1996～2008年的全球市场容量及其年增长率
(数据来源：Solarbuzz Market Analysis)

德国、日本、西班牙和美国是4个主要的市场，如图7.15所示。日本和德国的政府补贴，为过去10年太阳能产业的兴起奠定了基础。全球第二大经济体日本的补贴和发展较早。而第三大经济体德国，通过2004年的修订《可再生能源法》EEG，市场超过日本。根据德国太阳能工业协会(German Solar Industry Association)的统计，虽然在德国安装的太阳能电池有50%是进口的，但是在这些产品的价值链中，有70%的利润属于德国的企业[16]。

地中海气候使西班牙的晴天较多，又由于纬度较低，所以西班牙日照充分。这个碧海蓝天的南欧国度一直是中北欧人度假的旅游胜地。太阳光照的优越地理条件，加上政策驱动，西班

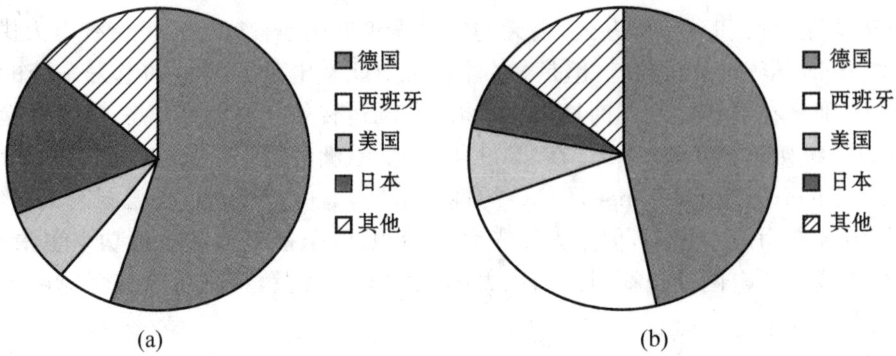

图 7.15　各国在太阳能市场的占有率
(a) 2006 年；(b) 2007 年
（数据来源：Solarbuzz Market Analysis）

牙市场在 2007 年爆炸性地增长了 480%，如图 7.16 所示。

图 7.16　译者高扬 2008 年 7 月，在西班牙高速公路加油站旁的太阳能电站前

根据咨询公司 Navigant Consulting 的预测，2010 年的太阳能市场，德国仍以 36%的份额领先于 15%的美国、12%的日本和 8%的西班牙。中国的市场会成长到 6%，印度 4%，意大利、法国、西班牙会占 8%，如图 7.17 所示。

另外根据 Photonics Spectra 的预测，德国将在 2012 年以前保持最大市场的地位。而美国会快速成长，在 2009 年超过第二大市场西班牙，并在 2013 年以后超过第一大市场德国，如图 7.18 所示。

各国政府对 2020 年前的新能源发展都有战略性的目标。2007 年初，欧盟希望到 2020 年有 20%的电力由新能源供应。德国在 2008 年，已经有 15.1%的电力来自新能源，并希望在 2020 年把比例提高到 47%。美国加利福尼亚州计划 2020 年有 33%的电力来自新能源。美

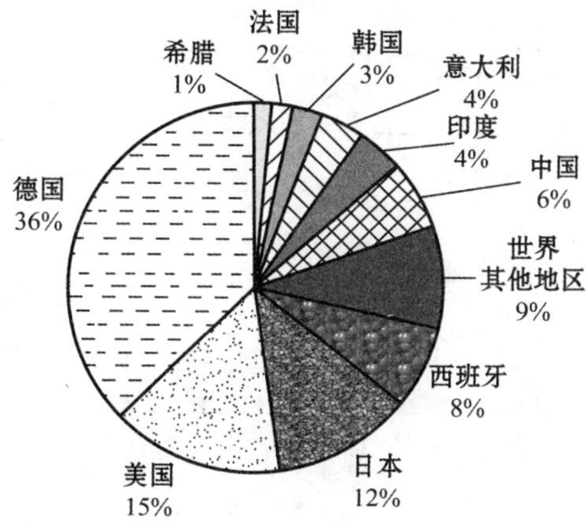

图 7.17　2010 年世界太阳能电池市场份额
(数据来源：Navigant Consulting)

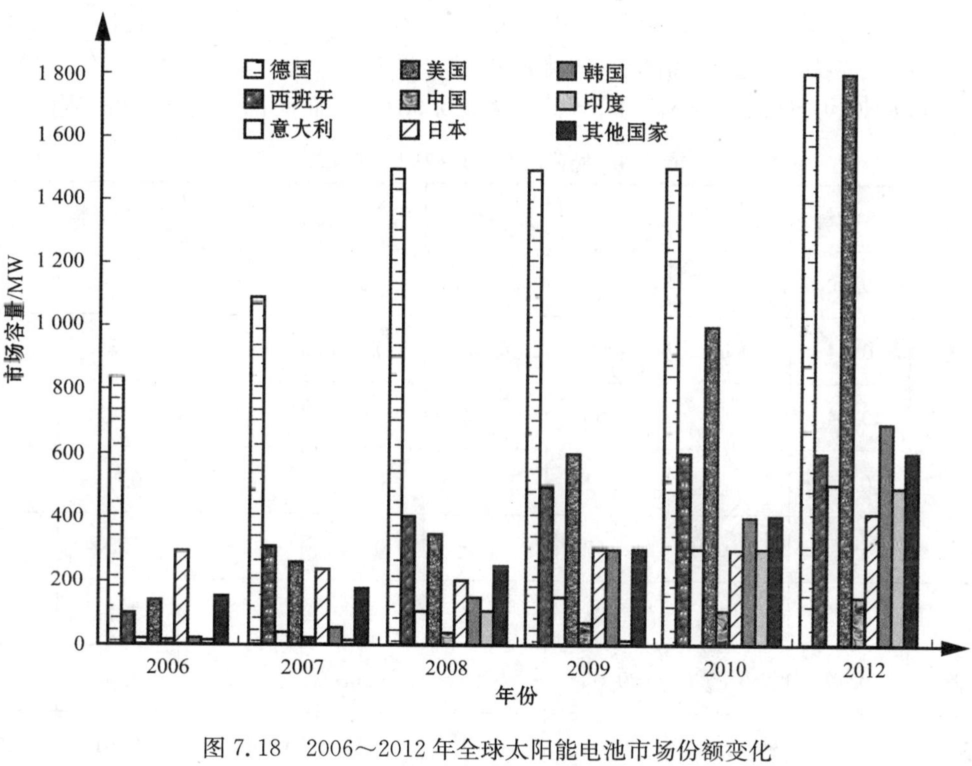

图 7.18　2006～2012 年全球太阳能电池市场份额变化
(数据来源：Photonics Spectra，German Solar Industry Association)

国密歇根州也希望 2020 年有 45％的电力来自新能源。

尽管全球市场容量在短期内不断扩大，但是太阳能电池的市场价格在这段时期，相对比较稳定，2006～2008 年保持在＄4.8/Wp 左右，说明市场需求旺盛，如图 7.19 所示。由于客户对太阳能电池有各自的要求，太阳能产业内的销售模式是，根据每一位客户的不同需求，进行产品的设计和制造，所以生产的产品都能进入市场，库存很低。从宏观上说，全球的市场容量就是产量。

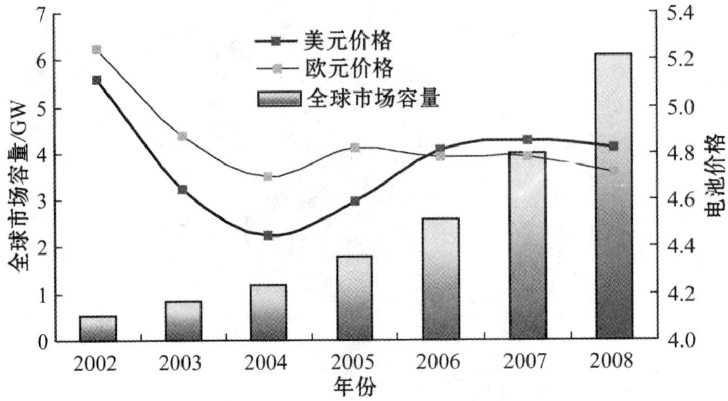

图 7.19　2002～2008 年全球市场容量和组件价格

(数据来源：Solarbuzz. com)

正常情况下，太阳能行业的毛利率在 50%左右，所以成本往往是市场价格的一半。太阳能系统中成本最高的部分分别是，系统 30%、组件 19%、电池片 17%和硅片 10%，见表 7.4。太阳能电池的成本决定于生产商的设备、生产技术水平和生产地。各公司的组件封装成本就有不小差异，REC 为＄0.63/Wp，SolarWorld 为＄0.68/Wp，而尚德仅为＄0.38/Wp。

表 7.4　晶体硅产业链中的成本模型

＄/Wp	原材料	人力成本	设备折旧	用电成本	管理研发	成本	累计成本	成本比例
三氯氢硅	0.03	0	0	0.01	0	0.04	0.04	1%
多晶硅	0.04	0.05	0.08	0.05	0.05	0.27	0.31	7%
硅棒	0.04	0.06	0.08	0.05	0.05	0.28	0.59	8%
硅片	0.15	0.09	0.01	0.03	0.07	0.35	0.94	10%
电池片	0.3	0.05	0.07	0.03	0.15	0.6	1.54	17%
组件	0.42	0.18	0.01	0.01	0.05	0.67	2.21	19%
逆变器	0.12	0.07	0.03	0.03	0.05	0.3	2.51	8%
系统	0.25	0.4	0.04	0.01	0.4	1.1	3.61	30%

(数据来源：Photon Consulting)

由于 1Wp 电池需要 10g 多晶硅，按照表 7.4，多晶硅成本为＝0.31×100＝＄31/kg。Tokuyama 的成本为＄30/kg，REC 为＄31/kg，MEMC 为＄35/kg，而 Wacker 为＄39/kg，计算数据和实际数据相符。在 2004～2008 年多晶硅短缺的时期，其销售价格往往是成本的 5～8 倍，甚至有被炒作到＄500/kg，这就导致了组件价格居高不下，见表 7.5。由于多晶硅短缺，全世界多晶硅生产项目，也得到了不少资本市场的支持。据不完全统计，截至 2007 年底全世界有 70 个在已投资或拟投资的多晶硅生产企业。

表 7.5　多晶硅价格对组件成本的影响

	成本	成本×5	成本×8
多晶硅价格	$31/kg	$155/kg	$248/kg
	$0.31/Wp	$1.55/Wp	$2.48/Wp
组件成本	$2.21/Wp	$3.45/Wp	$4.38/Wp

(数据来源：Photon Consulting)

以上成本模型较为详细，但是数据来源较早，组件总成本为偏高的$2.21/Wp。根据较新的数据，晶体硅电池成本已有所降低，最优制造成本为$1.3/Wp，平均制造成本为$1.98/Wp，见表7.6。

表 7.6　更新的晶体硅电池成本模型

$/Wp	最优制造成本	平均制造成本
多晶硅	0.26	0.3
硅片	0.31	0.42
电池片	0.31	0.62
组件	0.42	0.64
总成本	1.3	1.98

(数据来源：Photon International, January 2008)

让我们再看看太阳能电池价格的历史。自20世纪70年代，太阳能产业化以后，电池价格从$50/Wp，下降到$4/Wp以下，如图7.20所示。

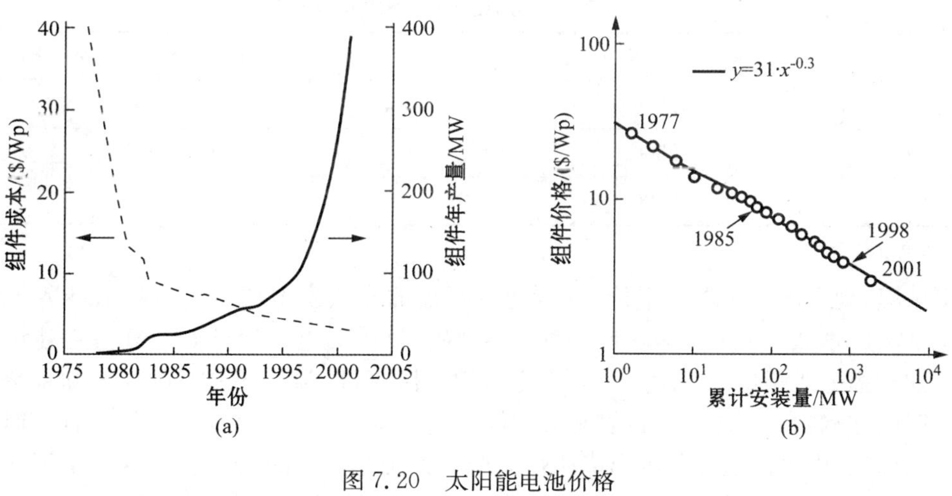

图 7.20　太阳能电池价格

(a) 组件成本、年产量的发展；(b) 太阳能电池的价格和累计安装量的对数关系

(数据来源：参考文献[17])

在图7.20(b)中，太阳能电池的价格 $P(t)$ 和累计安装量 $M(t)$ 的对数，呈线性反比关系[18]，可以表示为：

$$\frac{P(t)}{P_0}=\left(\frac{M(t)}{M_0}\right)^{-E} \tag{7.1}$$

经验指数(experience exponent,E),是价格和累计安装量对数关系曲线的斜率。P_0 和 M_0 分别是价格和累计安装量的初始值。

经验系数(experience factor,EF)是指累计安装量翻倍后,价格下跌的百分比,定义为:

$$\frac{P(t)}{P_0}=(1-EF)^{\log_2\left(\frac{M(t)}{M_0}\right)} \tag{7.2}$$

用式(7.2)消去式(7.1)中的 $P(t)$ 、P_0 、$M(t)$ 和 M_0 ,得到 EF 和 E 的简单关系:

$$EF=1-2^{-E} \tag{7.3}$$

从价格和累计安装量对数关系曲线图 7.20(b),可得到一些数据。1977 年,$P_0=\$28.5/\text{Wp}$,$M_0=1.69\text{MW}$。1998 年,$P(t)=\$4.1/\text{Wp}$,$M(t)=1\,000\text{MW}$,由式(7.1)得 $E=30.4\%$,再由式(7.3)得 $EF=19\%$。太阳能电池几十年发展的经验系数为 19%,比半导体芯片的 32%低,说明太阳能产业发展得比半导体产业缓慢。如果太阳能电池价格下降到 \$1/Wp,累计装机容量要达到 100GW。

这里用经验系数分析,太阳能电池和半导体芯片的价格和累计安装量,前提是相同技术的沿革。如果太阳能电池一直使用晶体硅技术,那么需要累计装机容量要达到 100GW,才能实现价格下降到 \$1/Wp。但是,柔性电池和薄膜电池这样的第二代技术,可以更快地降低电池成本,将突破上述的晶体硅电池发展的趋势(参见 7.4 节)。

平价上网,是指太阳能发电成本低于火电成本,太阳能产业的发展可以脱离政府补贴,完全靠市场驱动。平价上网和地区所处的纬度有紧密的关系,越靠近赤道,越容易较早地实现平价上网。晶体硅电池的上网电价为 \$0.2~0.8/kW·h,见表 7.7。传统电力的成本也有一个范围,发达国家最低的发电成本为 \$0.03/kW·h,而农村发电为 \$0.8/kW·h。

表 7.7 世界不同地区的太阳能发电成本

地区	太阳光照强度/(kW·h/m²/年)	太阳能发电成本/(\$/kW·h)
热带	2500	0.2~0.4
南欧	1500	0.3~0.5
中北欧	1000	0.5~0.8

(数据来源:参考文献[12])

在夏威夷,现在已经实现了平价上网,现在当地的光伏发电成本为 \$0.21/kW·h,比当地的火电发电成本低 \$0.02/kW·h。2008 年开始,夏威夷电力局开始大规模地建设太阳能发电站。加利福尼亚州也是美国一个阳光充足的地区,所以最近沃尔玛的加州和夏威夷的购物中心也开始在购物中心屋顶大量安装太阳能发电系统。美国全国平价上网的计划时间设定为 2015 年。相比中国西藏和美国内华达州的全年太阳光照时间为 3000 小时,中国四川和英国伦敦的全年太阳光照时间为 1000h,所以像四川和伦敦这样的地区将会在 2020 年实现平价上网。

全球太阳能市场存在竞争,但是由于需求旺盛,各企业可以共同进步,推动整个产业的发展。2007 年,太阳能电池产量超过 200MW 的企业有 380MW 的德国 Q-Cells、360MW 的日本夏普、340MW 的中国尚德、200MW 的美国 First Solar 和 210MW 的日本京瓷,见表 7.8。这 5

家企业的总产量占全球产能的比例，从2006年和2007年的40%左右，下降到2008年的34%。这也说明，太阳能产业并没有寡头垄断的趋势，新兴企业只要技术领先，成本低廉，仍然有很大的发展空间。

表7.8 2008年全球排名前15的太阳能企业(E代表预测值)

产能/MW		电池年产量			组件年产量
		2008E	2007	2006	2007
Q-Cells	德国	565	380	250	
尚德	中国	530	340	160	360
夏普	日本	380	360	485	360
First Solar	美国	370	200	60	200
晶澳	中国	340	130	30	
茂迪	中国台湾	280	170	102	
英利	中国	255	145	35	135
SunPower	美国	250			
SolarWorld	德国	250	170	90	135
天合	中国	240			
京瓷	日本	230	210	180	210
昱晶	中国台湾	220	165		165
三洋	日本	180	165	155	
肖特	德国	165			
中电	中国	150			

(数据来源：2008年第四届中国太阳能级硅及光伏发电研讨会)

由于多晶硅短缺和价格飙升，运用CdTe薄膜电池技术的美国First Solar公司，通过成本优势，快速地发展起来，2005～2008年的产量分别为20MW、60MW，200MW和370MW，见表7.8。First Solar的生产基地分布在北美洲、欧洲和亚洲。

企业的发展都体现了各国的特点。美国的科研基础雄厚，孕育出First Solar这样依靠专利保护而成功的企业。日本和德国企业，依靠汽车制造业积累的机器人自动化生产技术，减小了产品中的人力成本。而中国大陆和中国台湾，依靠劳动密集型、成本集约化的大规模生产经验，可以和西方发达国家的企业竞争。2007年中国的太阳能产值超过日本，成为世界上最大的太阳能电池生产国，如图7.21所示。而在2008年中国仍然是全世界第一大太阳能电池生产国，太阳能成为中国在高科技领域的一面旗帜。

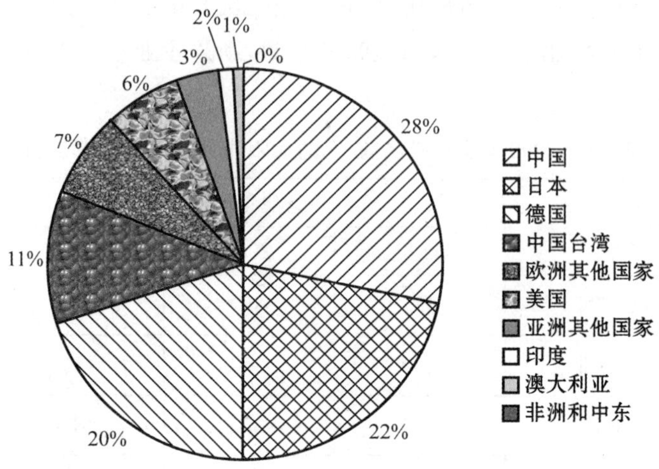

图 7.21　2007 年世界各国的太阳能产量比较
（数据来源：2008 年第四届中国太阳能级硅及光伏发电研讨会）

2007 年，中国电池企业超过 50 家，总产能 2.9GW，产量 1.088GW；组件企业 41 家，产能远超过电池生产，产量 1.717GW；封装企业 172 家，有 500 多台封装机。10 家海外上市的中国太阳能企业是其中的代表，见表 7.9。业务 SWCMS 分别代表多晶硅（Silicon）、硅片（Wafer）、电池片（Cell）、组件（Module）和系统（System）。10 家企业中有 1 家从事多晶硅、4 家硅片、8 家电池片、8 家组件和 6 家系统。这些在英美上市的中国太阳能企业，在 2008 年 7 月的总市值高达 180 亿美金。这是一非常了不起的数字。前微软公司主席比尔-盖茨，拥有的股票市值为 580 亿美金。也就是说中国的太阳能产业，超过了 1/3 个比尔-盖茨，并且这些被资本市场认可的价值是在短短 5 年的时间里积累起来的。

表 7.9　国内 10 家海外上市的晶体硅企业

公司	选址		业务	IPO 时间	市值/＄B	市盈率
尚德	江苏无锡	NYSE	CMS	05/12/14	5.6	31
赛维	江西新余		W	07/06/01	3.8	23
英利	河北保定		WCMS	07/06/08	2.1	27
天合	江苏常州		WMS	06/12/19	0.7	16
晶澳	河北宁晋	NASDAQ	CM	07/02/07	2.5	32
林洋	江苏启东		CMS	06/12/20	0.7	19
阿斯特	江苏苏州		SCMS	06/11/09	0.9	44
中电	江苏南京		C	07/5/17	0.33	50
昱辉	浙江嘉善	AIM London	WCMS	06/08/08	1.2	
浚鑫	江苏江阴		CM	07/07/06	0.15	
合计			1S4W8C8M6S		17.98	27.4

（数据来源：2008/7/19 Google Finance）

7.4　太阳能的技术发展趋势

晶体硅电池一直是太阳能产业的主流技术，产品的可靠性高，机理研究得也较透彻。今后研究的热点，是提高转换效率和减少硅材料的使用量。

1990 年晶体硅电池的转换效率只有 10%。2008 年，转换效率最高的商业化太阳能电池组件是美国 SunPower 公司的 SPR-315，功率 315W，转换效率 19.3%。目前，晶体硅电池平均为 15%～17%，希望 2013～2020 年，实现>20%，2020 年后，实现>25%。转换效率每提高 1%，成本可以下降 5%～7%。

硅片的面积已经变得越来越大，从 125mm×125mm 发展到 156mm×156mm。硅片的厚度也变得越来越薄，以降低成本，从 1990 年的 400μm 发展为 2007 年的 200μm。希望 2013～2020 年，进一步减少硅用量，硅片厚度<120μm，2020 年以后，实现<100μm。

柔性电池和薄膜电池会大幅降低电池成本，是太阳能技术发展的必然趋势，如图 7.22 所

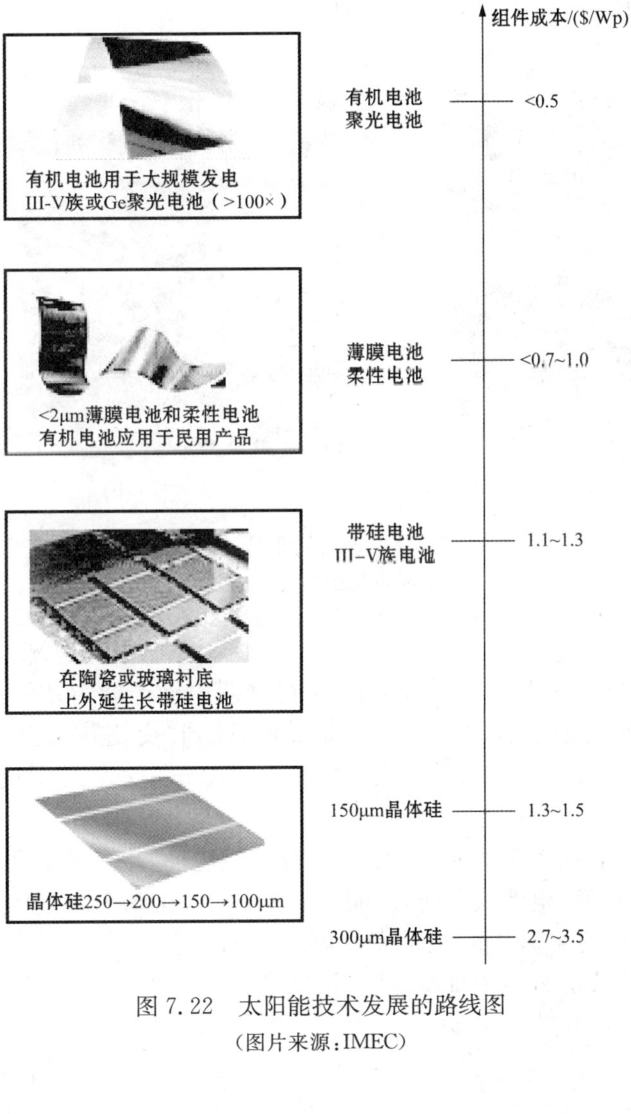

图 7.22　太阳能技术发展的路线图

（图片来源：IMEC）

示。路线图的实现，依赖于对各种技术进行从理论到工艺的持续研发。2010 年组件成本会达到＄1.1～1.6/Wp，2020 年达到＜＄0.83/Wp，2030 年达到＄0.55/Wp。

目前，Nanosolar 的 CIGS 柔性电池已经把成本降低到＜＄1/Wp。First Solar 的 CdTe 薄膜电池成本也降低到＜＄1/Wp，并且实现转换效率＞10%。为了实现 2020 年发电成本＄0.06/kW·h，CdTe 组件必须达到 14%的转换效率，系统费用＄1.2/Wp。这是很有希望的，因为 First Solar 的 CdTe 电池 2005 年的转换效率仅有 6%，从 2006 年的 9%，提高到 2007 年的 10%，只用了 1 年。其目标是 2010 年达到 11.5%。而且美国国家可再生能源实验室的记录是 16.5%。

2007 年 8 月，夏普公司表示，在 2010 年实现非晶硅薄膜电池产能 1GW，争取赶超 First Solar。2008 年 10 月，夏普又提出，在 2010 年实现 1GW 产能后，在 2015 年进一步扩大至 6GW。2007 年中国太阳能企业的市场占有率，超过了以夏普为代表的日本企业，使夏普意识到，要重点发展自动化程度更高，劳动力需求更低的薄膜电池。夏普的薄膜电池采用 a-Si/μc-Si 叠层结构，尺寸 1m×1.4m，S-W 效应衰减前的转换效率为 11%，衰减后的转换效率为 8.6%，如图 7.23 所示。

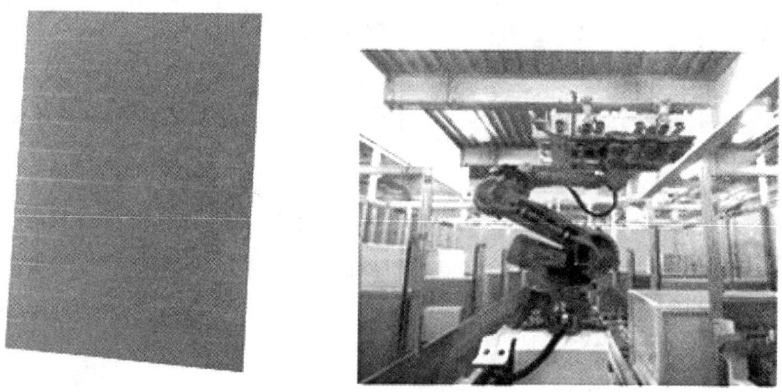

(a) (b)

图 7.23 夏普公司的非晶硅薄膜电池

(a) 非晶硅电池组件；(b) 生产线

(图片来源：夏普)

中国百世德公司总投资达＄19 亿，计划非晶硅薄膜电池产能 1GW，生产基地位于江西南昌和江苏苏州，使用美国应用材料(Applied Material)公司“交钥匙工程”(turnkey service)生产线。电池结构为 a-Si/μc-Si 双结叠层，尺寸 2.6m×2.2m，电池稳定后的转换效率达8.5%～9%。

应用材料公司，是世界上最大的半导体生产设备供应商，也是最大的 LCD 生产设备供应商。其 SunFab 非晶硅薄膜电池生产线，产能 90MW，可以在 5.7m^2 超大玻璃衬底上，制备非晶硅薄膜电池。大面积的薄膜电池，安装费用可降低 17%。

瑞士欧瑞康(Oerlikon)公司和日本爱发科(ULVAC)公司，分别提供 60MW 和 25MW 的非晶硅薄膜电池“交钥匙工程”生产线。

由于这些设备供应商已经成熟，而且出现多晶硅短缺现象，规模大的薄膜电池项目在全世界不断涌现。从 2007 年起，全世界已投资或拟投资的薄膜电池企业超过 80 家[19]。

由于非晶硅薄膜电池的吸收层厚度为 2μm，是晶体硅电池的 1%，20 世纪 70 年代，学术界曾有不少呼声，认为薄膜电池会取代晶体硅电池的地位，成为太阳能电池的主流。只是由于真空镀膜设备价格昂贵，初期投入比较大，所以产业化发展得较慢。但是，资本市场对太阳能产业化的肯定，使投资大规模薄膜电池项目成为可能。如果 2010 年出现 1GW 的非晶硅薄膜电池生产基地，并进一步提高转换效率，成本将从＄1.5/Wp 降低到＄0.7/Wp，可以基本实现平价上网，如图 7.24 所示。

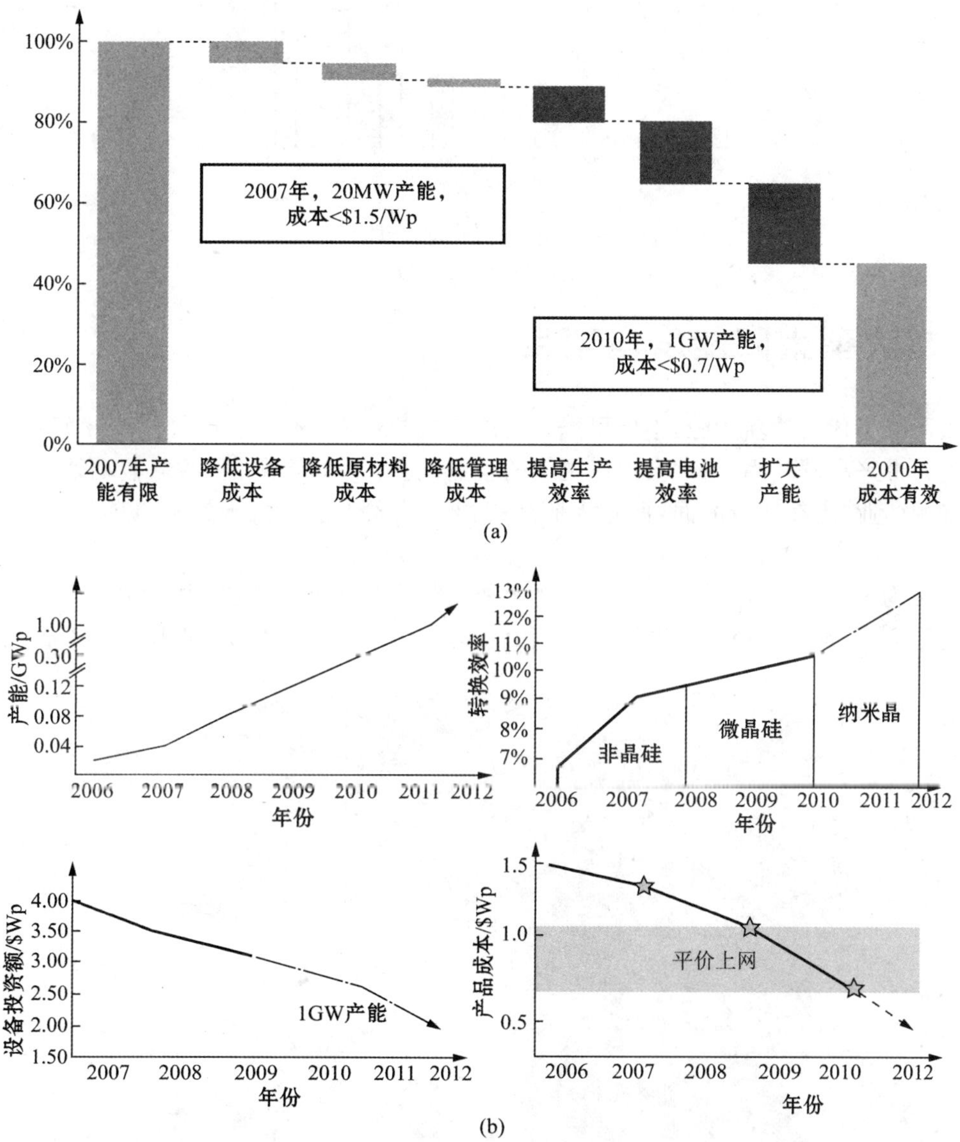

图 7.24　非晶硅薄膜电池实现平价上网

(a) 成本结构；(b) 实现方式

(数据来源：欧瑞康)

据预测，2015 年之前，全球薄膜电池产能的年复合增长率(compound annual growth rate，CAGR)为 75%。薄膜电池的市场占有率从 2007 年的 10%，提高到 2010 年的 20%、2015 年的 30%，如图 7.25 所示。

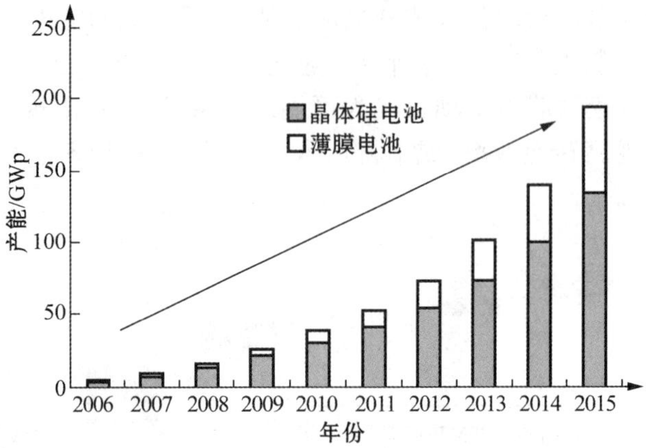

图 7.25　薄膜电池市场产能预测
(数据来源：欧瑞康)

7.5　超大型太阳能发电项目

以太阳能为代表的新能源，不但可以解决能源危机问题，缓解全球气候变暖问题，而且可以为投资人带来高额利润，为社会提供更多的就业机会，为政府增加税收并拉动整体经济。欧洲的新能源产业，走在比较前面，而且大胆地提出了超大规模的太阳能发电项目(grand solar plan)。

一个称为 Desertec 的宏大的欧洲新能源战略性发展计划，正在酝酿之中，几乎囊括了所有的新能源类型，地理范围包括欧洲、中东和北非，如图 7.26 所示。北非和中东大面积的沙漠

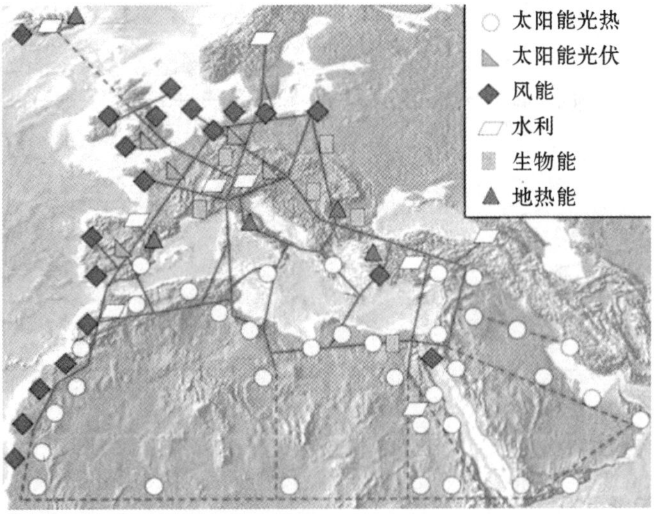

图 7.26　Desertec 计划的战略布局
(图片来源：Desertec. com)

地区，有充沛的太阳光照，是欧洲通过太阳能技术获取电力的理想场所。按照计算，如地球上0.125%的地面上，铺设转换效率20%的太阳能电池，就可以供给全世界的能源需求。而中东和北非沙漠地区0.3%的地面上，铺设太阳能光热发电系统，就可以供给欧洲、中东和北非地区的电力和饮用水。如果计划在2050年基本实现，总投资€450亿，建成后，得到€0.05～0.07/kW·h的电力，每年利润€100亿，减少70%的CO_2排放，并可以逐步淘汰核电站的使用[20]。

Desertec计划主要使用太阳能光热发电技术，用凹面镜聚焦太阳光，把水加热成蒸气，驱动涡轮发电机，还可以把海水净化成可以饮用的纯水，如图7.27所示。反光镜集热槽是抛物面，和线性菲涅尔反射镜的效果相当(参见1.6节)。多余的热量可以贮存在盐水中，在夜晚、阴雨天或用电高峰时，驱动涡轮发电机。

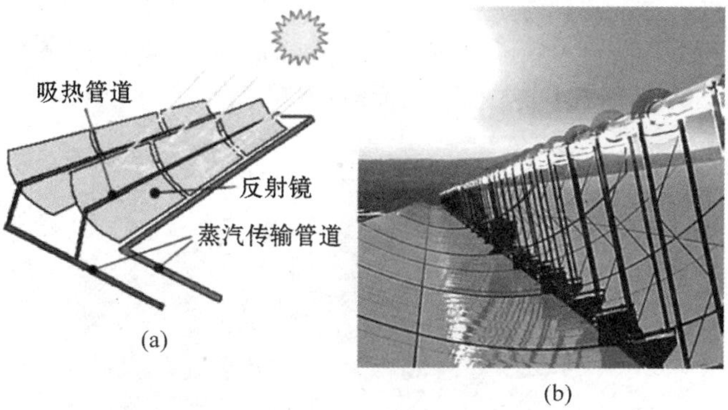

图7.27　太阳能光热发电装置

(图片来源：Wikipedia)

2007年3月，在西班牙的塞维利亚附近建成了欧洲的第一座大型太阳能光热发电站PS10，发电量为11MW，可以供应6000户居民的用电，如图7.28所示。其原理与eSolar加热塔光热发电相似(参见1.6节)。624面大型反射镜，聚焦到115m高的加热塔上，加热塔用太阳光加热水，生成水蒸气，推动涡轮发电机。现在的11MW只是第一期工程，是最终建设目标

图7.28　西班牙塞维利亚的加热塔光热发电站

(图片来源：Wikipedia)

的 1%。

高压直流(high voltage direct current,HVDC)传输电力,也是 Desertec 计划的核心技术,损耗只有 3%/1 000km。虽然电力从中东和北非通过高压直流传输到欧洲会损失 10%~15%,但是沙漠地区的太阳光照是欧洲的 2 倍。所以,方案中得到的电力,比在欧洲建相同的太阳能电站,多发电 85%~90%。

Desertec 计划还要利用摩洛哥沿海和红海沿岸地区充沛的风力,建设成本更低的风力发电站,对太阳能光热发电进行补充。

Desertec 计划对欧洲、中东和北非地区当地都有不少现实的意义。欧洲得到充足的可再生能源,可以减少 CO_2 排放,并保证能源安全。这样的大型项目,也可以帮助中东和北非国家新建基础设施,创造相当数量的就业机会,得到足够的电力和饮用水,推动这些发展中国家的经济发展。

在 2050 年欧洲的电力供应中,将有 10%~25%由中东和北非地区进口,65%是欧洲本地区的可再生能源,剩下的 10%~25%来自传统能源,如图 7.29 所示。

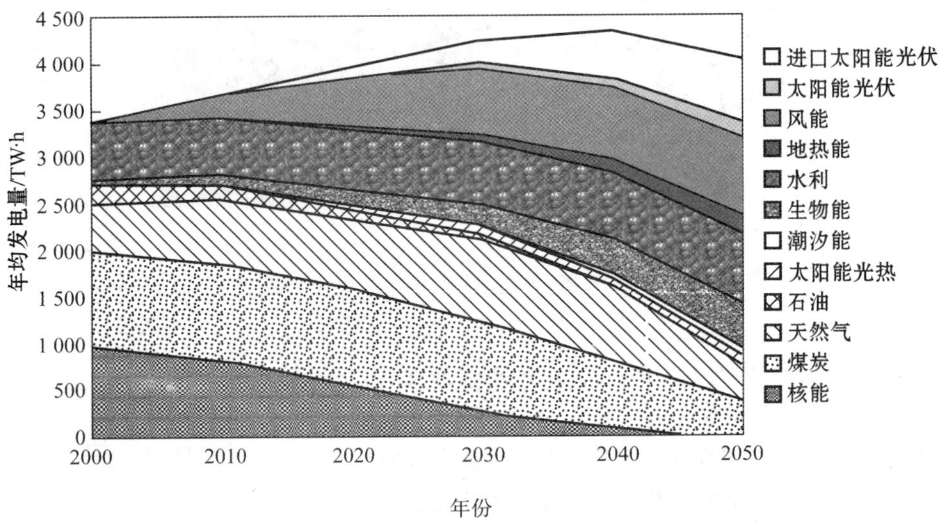

图 7.29　实施了 Desertec 后的欧洲能源结构
(数据来源:TREC,2008)

美国 Scientific American 杂志,也提出了一个类似 Desertec 的宏大规划。建议在美国西南部干旱地区,建立一系列的大型太阳能电站,包括聚光太阳能发电系统和光热发电系统。同时,建设横穿美国的直流电传输骨干网。到 2050 年,78 000km^2 的太阳能电站,将提供 3 000GW 的发电量,满足美国 69%的电力需求和 35%的能源需求。预计 40 年中,总共需要 \$4 200 亿的补贴,资助建设大规模的太阳能电站和电力系统[21]。

在沙漠地区,建立大规模的集中式太阳能发电系统,会对地区和全球的能源结构产生深远影响。但是,分散式太阳能发电系统也是非常有活力的电力模式,与集中式系统不是互相矛盾的关系,而是互相促进的关系。家庭屋顶的小型系统、办公楼宇屋顶的中型系统、萨维奥拉 PS10 这样的大型系统、和拟建的中东和北非的超大型系统,将互为补充,使电力供应更复合化,增强电力系统的可靠性、安全性、成长性和经济性。

7.6 太阳能的发展需要社会的支持

1935年，爱因斯坦提出了著名的质能方程 $E=mc^2$。1938年，核裂变被发现。1942年，美国启动了曼哈顿计划（Manhattan project），研发原子弹，共有130000人参与，耗资＄20亿，相当于2008年的＄240亿。1945年7月16日，第一颗原子弹在美国新墨西哥州的阿拉莫戈多（Alamogordo）试验场成功试爆，如图7.30所示。从爱因斯坦的伟大发现，到广岛和长崎被夷为平地，仅仅花了10年时间。曼哈顿计划的成功实现和原子弹技术的快速发展，离不开政府的巨额投资。只有这样，才能够聚集那么多最有才华的科学家，共同创造历史。

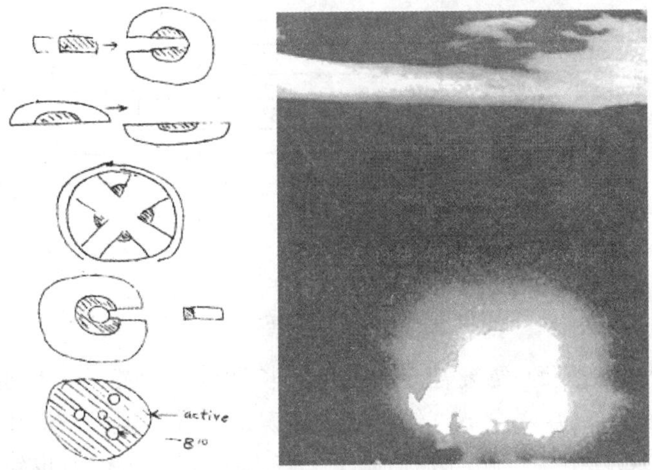

(a) (b)

图7.30 曼哈顿计划

(a) 方案的选择的历史手稿；(b) 试爆成功

（图片来源：Wikipedia）

曼哈顿计划有着重要的军事意义和政治意义，所以受到美国政府的高度重视。但是，太阳能技术的研究开发和应用就缓慢得多[22]。1953年，贝尔实验室报道了具有发电价值的太阳能电池（参见2.6节）。直至1975年，第一片商业化的，转换效率为7%的太阳能电池才在美国纽约问世。而现在，普通晶体硅电池的转换效率还停留在15%左右。

太阳能产业的缓慢发展，主要是因为民众的认知不够和政府在传统能源上的既得利益。

根据民意调查，发达国家的民众更加关心油价上涨，而对全球气候变暖并不关心[23]。而在大多数发展中国家，民众更关心温饱问题和住房问题，对全球气候变暖和污染问题也不加理会。

意大利政府曾积极地响应并签署了《京都议定书》，但是并没有实现温室气体排放量消减8%的目标，2007年的 CO_2 排放量反而比1990年的增加20%。2001～2006年，全世界的温室气体排放的年均增长量为3.4%，是2006年之前的3倍。各国除了口头和文字上的承诺，并没有太多的实际行动。

半个世纪以来，各发达国家政府对太阳能的忽视，部分原因是政府从石油、煤炭和天然气等传统能源中，可以得到大量的利税。世界的石油主要被美国、欧盟、日本和中国的石油公司采购，政府从中得到的税收是油价的 26%～55%，如图 7.31 所示。美国的汽油需求量大，相关的税收比例略低。欧洲各国的税收比例相当高，都超过了 OPEC 的原油价格。各国油价的差别，不是由原油的买入价格引起的，而是由政府的税收差别引起的[24]。一直以来，不少国家为了高额的经济效益，虽然在口头上要发展新能源，但是实质性的措施有限。

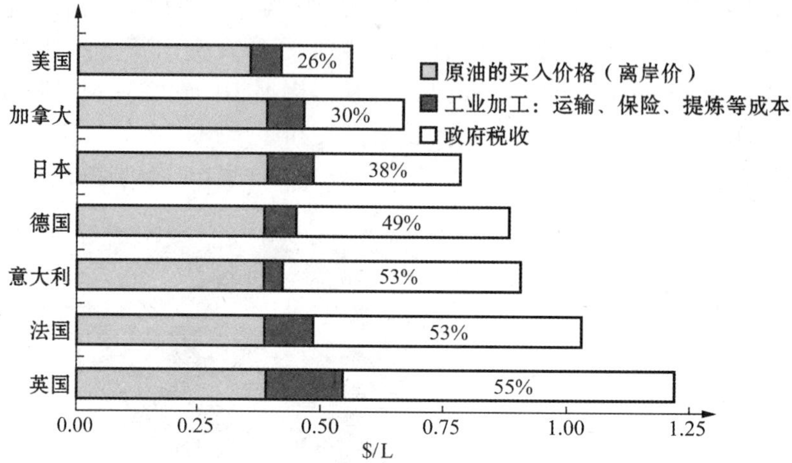

图 7.31　七国集团(G7)汽油的成本模型
(数据来源：OPEC)

包括太阳能在内的新能源，需要社会的支持和长期的科研投入。虽然各国政府对传统能源的利税有很大的依赖，民众对全球气候变暖的认识也不够。但是，20 世纪 70 年代的能源危机，促进西方各国对发展太阳能下了决心，制定一些太阳能发展计划，也建立了一批科研机构。太阳能发展计划，以美国的联邦光伏利用计划(Federal Photovoltaic Utilization Program)和日本的阳光计划(Sunshine Program)为代表。建立的科研机构有：美国的 Solar Energy Research Institute，后发展成为国家可再生能源实验室、日本的新能源和产业技术综合开发机构(New Energy and Industrial Technology Development Organization，NEDO)和德国的 Fraunhofer ISE。

自从 2004 年德国修订了《可再生能源法》EEG，太阳能产业得到真正的起飞。随着晶体硅电池的生产加工快速成长，越来越多的人们关注下一代柔性电池和薄膜电池，也希望本书能够为读者带来一些有用的知识和信息。

能源危机和全球气候变暖，促进了包括太阳能在内的新能源产业发展。国家政策扶持，推动了市场的成熟和产业的形成。太阳能企业上市，使更多的风险投资和民间资本进入新兴的太阳能企业。国家的科研经费拨款，使各研究机构有能力发展新的技术，科研成果可以孵化出更多的企业。我们中的绝大多数人，虽然没有美国前副总统戈尔那样的号召力，可以唤起全世界民众对全球气候变暖的认识，但是作为科研工作者、工程技术人员、高校学生或金融投资人士，都可以通过自己和团队的努力，发展太阳能产业，使太阳能发电早日实现平价上网，得到更大的普及，为全球能源危机和气候变暖问题的解决，作出自己的贡献。太阳能产业的明天将更美好，世界的明天将更美好。

参考文献

[1] Maugeri, L. The Age of Oil: The Mythology, History, and Future of the World's Most Controversial Resource [M]. Westport, CT: Praeger Publishers, 2006.

[2] Leggett, J. The Empty Tank [M]. New York: Random House, 2005.

[3] Leggett, J. Soil Association [EB/OL]. http://www.soilassociation.org.

[4] Hall, C., Tharakan, P., Hallock, J., Cleveland, C. and Jefferson, M. Hydrocarbons and the Evolution of Human Culture [J]. Nature, 2003, 426: 318.

[5] Hall, C. The Myth of Sustainable Development: Personal Reflections on Energy, its Relation to Neoclassical Econimics, and Stanely Jevons [J]. Journal of Energy Resources Technology, 2004, 126: 85—89.

[6] Smil, V. 21st century energy: Some sobering thoughts [J]. OECD Observer, 2006, 258/59: 22.

[7] The Wall Street Journal [N/OL]. June 3, 2005. http://www.wsj.com.

[8] Tirone, J. 'Dead-end' Austrian town blossoms with green energy [N]. International Herald Tribune, August 28 2007.

[9] Abu Dhabi Future Energy Company (Masdar) [EB/OL]. http://www.masdaruae.com.

[10] Solarbuzz LLC [EB/OL]. http://www.solarbuzz.com.

[11] M., Fawer. Solar Energy 2007-The industry continues to boom [EB/OL]. Bank Sarasin & Co. Ltd. http://www.sarasin.ch.

[12] REN21. Renewables 2007 Global Status Report [R]. Paris: REN21 Secretariat and Washington, DC: Worldwatch Institute, 2008.

[13] Rocheisen, M. Nanotechnology to the rescue of capital efficiency [J]. Photon International Magazine, 2005, 7: 29.

[14] Black, A. How to Find Your Dream Job In Solar [EB/OL]. Solar Living Institute. http://www.ongrid.net/papers/DreamJobInSolarSP2007slides.pdf.

[15] Rogol, M., Flynn H., Porter C., Rogol J., Song J. The True cost of solar power [R]. Photon Consulting Report, September 2007.

[16] Gerhard Stryi-Hipp. Photovoltaics in Germany: Market and Industry Development [R/OL]. Bundesverb and Solarwirtschaft e. V. (BSW, German Solar Industry Association). http://www.solarkorea.or.kr/board/download. asp? board_id=info_b8&IDX=6&FILE_INDEX=0.

[17] Cleveland, C. J. Energy transitions past and future [EB/OL]. The Encyclopedia of Earth, January 7, 2008. http://www.eoearth.org/article/Energy_transitions_past_and_future.

[18] Hegedus, S. S. and Luque, A. Status, Trends, Challenges and the Bright Future of Solar Electricity from Photovoltaics [M] // Luque, A. and Hegedus, S. S., Eds. Handbook of Photovoltaics Science and Engineering. New York: John Wiley & Sons, 2003.

[19] Johan Trip. The Thin-film Future [C/OL] // 2008 International Solar Expert Conference, Munich, Germany, June 11, 2008. http://www.solarplaza.com/event/thethinfilmfuture/The_Thin-Film_Future_-_Shortcut_to_Grid-Parity.html.

[20] The Trans-Mediterranean Renewable Energy Cooperation (TREC) [EB/OL]. http://www.trecers.net/.

[21] Zweibel, K., Mason, J. and Fthenakis, V. A Solar Grand Plan [J]. Scientific American, January

2008：64.

[22] Kelly,C. , Eds. The Manhattan Project：The Birth of the Atomic Bomb in the Words of Its Creators，Eyewitnesses and Historians [M]. New York：Black Dog & Leventhal Publishers，2007.

[23] Navin，J. Energy Attitudes [R/OL]. American Environics，2007. http://www.americanenvironics.com/PDF/EnergyAttitudesSummer2007.pdf.

[24] OPEC. Who gets what from imported oil [R/OL]. Organization of the Petroleum Exporting Countries http://www.opec.org/home/PowerPoint/Taxation/taxation.htm.

索 引

D

F

G

passivated emitter rear locally diffused, PERL	钝化发射极、背面局部扩散	2.3
passivation layer	钝化层	6.5
Peccell Technologies	日本太阳能公司	5.2
Plank equation	普朗克方程	2.3
plasma enhanced chemical vapor deposition, PECVD	等离子增强化学气相沉积	2.4
Plastic Logic	德国 OLED 公司	1.1
plastic relaxation	塑性弛豫	6.2
Pluronic	嵌段共聚物	5.2
Philip B. Crosby	美国管理学家	7.1
phonon	声子	2.1
phosphonate	膦酸盐	5.2
phosphonic acid, $-PO_3H$	磷酸基	5.2
phosphorescence	磷光	4.1
photocurrent, I_{ph}	光生电流	2.2
photoluminescence	荧光	4.1
photon	光子	2.1
photon flux density	光子通量密度	2.1
Photon Photovoltaic Stock Index, PPVX	太阳能企业财经指数	7.2
photon recycling	光子回收	6.2
photonic crystal	光子晶体	5.3
photosensitizer	光敏剂	5.2
photosynthetic complex	光合作用络合物	5.1
photosynthetic process	光合作用	5.1
photovoltaics	光伏	2.1
poly[2-methoxy-5-(20-ethylhexoxy)-1,4-phenylenevinylene], MEH-PPV	共轭聚合物	4.2
poly[2-methoxy-5-(30,70-dimethyloctyloxy)-p-phenylenevinylene], $OC_1C_{10}-PPV$	共轭聚合物	4.2
poly(3,4-ethylenedioxythiophene)-poly(styrene sulfonate), PEDOT-PSS	聚乙撑二氧噻吩-聚苯乙烯磺酸盐	4.4
poly(3-hexylthiophene), P3HT	共轭聚合物	4.2
poly(alkyl-thiophene), PAT	聚烷基噻吩	4.2
poly(ethylene imine), PEI	聚乙烯亚胺	6.3
poly(p-phenylenevinylene), PPV	聚对苯乙烯	4.2
polycarbonate	聚碳酸酯	6.3
polyester	聚酯	6.3
polyethylene terephthalate, PET	聚对苯二甲酸乙二醇酯	5.3
polymer backbone	聚合物骨干	4.2
polypyridyl	多吡啶	5.2
polythiophene-fullerence	聚噻吩-富勒烯	4.3
power density	功率密度	2.1
Power Fiber	Konarka 公司品牌	4.4

T